Future
Genius

未来科学家

神奇的
计算机
及编程入门

COMPUTERS
& Learn How To Code

［英］英国 Future 公司◎编著　程晨◎译

人民邮电出版社
北京

这本书里有什么

什么是计算机

从根本上来说，计算机就是能够进行数学运算的机器。世界上的一切都可以简化为数学运算，从显示游戏中的图形到计算行星的轨道，现代计算机比人类更擅长快速的数学运算。计算机的另一个重要特性就是它可以编程——即可以设定要完成任务的列表，而这要归功于编程语言，编程语言构建的指令是计算机能够理解的，另外计算机还可以运行专门帮助人们做某事，比如编写一本书或编辑一段视频的应用程序。

如今，计算机无处不在。你手上的智能手机就是一台计算机。你的电视机、洗衣机甚至门铃当中都有计算机的身影。正常运行的计算机需要包含处理器、内存（RAM）、存储器（磁盘驱动器或固态存储设备，如存储卡）以及信息的输入/输出接口。有些应用场景是一个完整的系统，具有像键盘和显示器这样的通用型输入/输出设备；而有些应用场景则要通过其他方式和计算机进行交互——例如用手机应用程序来控制的设备，或

者那些只能实现一种功能的设备，比如电视遥控器。

计算机的奇怪之处在于，随着它们变得越来越强大和复杂，人类却越来越擅长制造它们，同时制作它们的部件也变得越来越小。一种称为量子计算机的特殊计算机甚至使用原子或分子量级的粒子组来进行数学运算。因此，50年前占据整个房间的计算机今天已完全可以被放进口袋。

试一试！

看看在家里或学校的计算机。你能找到本页中列出的所有部件吗？在便利贴上写下各部分的名称，将它们贴在计算机对应的部分，然后检查一下你是否都对了。

主机
我是整个设备的大脑。有时我会与显示器整合在一起，有时会在一个单独的盒子里。处理器、内存和存储器都在我这里。

显示器
我会显示计算机及使用者希望我显示的内容。我可以像电视机那么大，也可以与主机整合成"一体机"。

键盘
人们通过在我身上打字与计算机进行交互。我可以是无线的，也可以通过电缆连接到主机。

鼠标
人们通过移动我来与计算机交互，当我移动的时候，显示器上会有个指针跟着一起移动。当显示器上的指针指向某个内容的时候，人们还可以使用按键来单击这个内容。

找单词

你能在下面的区域中找到与计算机相关的英文单词吗？在本书的后面你会遇到它们。

```
R J O S Y X G M A M T P G I
F X V G E B K H G J U R F N
O D A R D E N S J N O O W T
G T Q A W G O D X M X C H E
M G L P Z H P M O U S E J R
E D N H F I T D Q W S S S Z
M O N I T O R G L K F S F E
O V N C H J U O M J X O I T
R S R S D K E Y B O A R D P
Y K S F L K V F V Q F B D G
F Q V P I X E L P G J W J L
F I W L D G Z N W S D L A D
C A B L E S X M L D S V B N
D G Z V O D W I R E L E S S
```

MONITOR
PROCESSOR
KEYBOARD
CABLES
WIRELESS
INTERNET
BIG NUMBERS
PIXEL
MEMORY
MOUSE
GRAPHICS

答案：MONITOR（显示器）；PROCESSOR（处理器）；KEYBOARD（键盘）；CABLES（电线）；WIRELESS（无线）；INTERNET（互联网）；PIXEL（像素）；MEMORY（内存）；MOUSE（鼠标）；GRAPHICS（图形）。

有趣的数字

460 亿
2021年连接到网络的设备数

2100
已知最古老的模拟计算机安提凯希拉装置的大致年龄

8 266 752
截至2021年4月，全球最快的日本富岳超级计算机的处理器核数

30 吨
1946年第一台通用电子计算机ENIAC的重量

猜谜游戏

完成拼图，看看这是计算机的哪个部件？

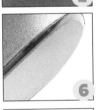

1	2	3
4	5	6
7	8	9

计算机的历史

计算机的英文名称为"computer"，这个词以"er"结尾，以前是表示会计算的人，不过现在这个术语是用来描述能够帮助我们进行数学运算的可编程设备。最古老的运算设备应该是算盘，不过它的历史太久远，我们无法确定是谁发明了算盘。接着出现的是有2100年历史的安提凯希拉装置，这个装置能够计算夜空中天体的位置。有人认为巨石阵也能够预测日食之类的天文现象，因此它也可以算是一种计算机。

查尔斯·巴比奇（Charles Babbage）在1820年设计了一种机械的计算器——差分机，但计算机的高速发展还要等到20世纪，第二次世界大战期间，当时在英国布莱切利庄园工作的艾伦·图灵（Alan Turing）和汤米·弗劳尔斯（Tommy Flowers）发明了一种用于快速破解敌方密码的电子设备。

之后，我们见证了一场计算的革命。我们身边的一切，从经营企业到图书出版，一切都与计算机有关。如果没有计算机，互联网以及手机之类的一切就不会存在。现代世界可以说是由计算机推动的，如果它们停止工作，我们的生活将无法想象。

公元前20000年

伊桑戈骨
一段狒狒的腿骨，上面有3个竖道的标记，可能是一种计数系统。1950年发现。

公元前87年

安提凯希拉装置
一个古老的天文装置，能够计算天体的运行轨迹，1901年在希腊沉船中发现。

1981年8月12日

IBM PC
第一台IBM PC 5150于40多年前推出，当时的配置是Intel 8088处理器和最高640KB的RAM。

1946年

ENIAC
第一台通用的、可编程的电子计算机。

5个小知识

1 阿达·洛芙莱斯
洛芙莱斯被认为是世界上第一位计算机程序员，她是诗人拜伦勋爵的独生女。在1842年，她编写了一种算法，以在查尔斯·巴比奇设计的机械计算机上运行。

2 机械特克（也称为土耳其机器人）
一个18世纪的骗局——从外形上来说，这是一台能够下国际象棋的模拟计算机。但实际上，其内部藏着一个操作机器的小个子男人。

3 带人类登月的计算机
今天的数显电子表充电器的处理能力都比1969年在阿波罗11号上进行导航的计算机性能要强。

自我测试
记住右侧这些小知识，合上书并将它们写出来，看看3分钟内你能记住多少？

1206年

城堡时钟

阿拉伯工程师阿尔·贾扎里（Al-Jazari）发明的城堡时钟，被认为是最早的可编程模拟计算机。由于可以不断重新设定昼夜的长短，因此时钟能够正确显示太阳轨道。

1804年

提花织机

使用穿孔卡片进行图案"编程"的自动织布机。

1823年

差分机

查尔斯·巴比奇从英国政府那里获得了1700英镑（今天约价值12 000英镑）的拨款用于制造机械计算机。最终他失败了，不过后人根据他的设计在1991制作了一台完整的能够正常工作的差分机。

1943—1945年

巨人

巨人是第二次世界大战期间为破解敌方通信密码而制造的电子可编程机器，它是所有现代计算机的先驱。

4 深蓝

1996年，一台名为深蓝的计算机在一场国际象棋比赛中，最终击败了一位人类国际象棋大师。

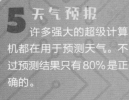

5 天气预报

许多强大的超级计算机都在用于预测天气。不过预测结果只有80%是正确的。

扩展知识!

尝试在网上查找资料，了解更多有趣的知识。

安提凯希拉装置——来自古希腊的惊人发现

高精度的古希腊天文计算装置。

巨人——计算机历史中的机密

克里斯·肖尔（Chris Shore）讲述巨人的故事——它的来历、工作方式，以及如何改变了"二战"的进程。

重制版1946年ENIAC计算机的历史

1946年关于ENIAC计算机的教育性的电影。

IBM PC 5150的诞生——世界上最具影响力计算机的故事

第一台IBM PC——这台计算机是你身边计算机的祖先。

身边的计算机

接收信息并进行数字化处理的设备都可以被称为计算机,因此今天它们几乎无处不在。如果你通过鼠标和键盘与计算机进行交互,那么鼠标和键盘也算计算机——鼠标和键盘中的芯片很少,通过有线或无线的方式与主机通信。

你的手机是一台功能强大的计算机,其实,你的任意一个"数字助理"设备都是一台计算机。有的灯泡里也有一个微型计算机,你可以通过通信来控制它们。你的手机充电器里同样也有一台计算机,而洗衣机上选择洗衣程序的操作面板也连接了某种类型的计算机,这你一定猜到了。

让你的计算机能够上网的路由器是一台计算机,托管像 Netflix 和 Spotify 这些网站、提供流媒体服务的服务器则是比一间屋子还要大得多的计算机。你对数字助理所"说"的任何内容或使用网络搜索引擎搜索的任何内容都会被发送回数据中心并使用很多计算机进行分析以帮助你解决问题。

在城市里,很多区域都覆盖了摄像头,这些摄像头里面也包含了计算机,摄像头的计算机会将图像发送给更多的计算机进行处理和存储。进入一家商店,你不但需要和计算机交互完成购买(这种交互通常是通过商店里结账的店员完成的),而且还可以使用手机来付款。在线购买就更不用说了,你要买东西就必须通过一台计算机与另一台计算机交流。

晚上我们关上手机,找一个远离城市的地方,抬头仰望天空,如果幸运的话,你可能会看到卫星绕地球运行的轨迹。你猜怎么着?它们也含有计算机。计算机无处不在,没有它们就没有我们这个现代化的世界。

手机充电器

为了避免手机充电的时候过充,很多充电器里设有一个管理充电过程的微型计算机。

计算机鼠标

SteelSeries Sensei 不仅是一款简单的控制鼠标指针的设备,它是 2011 年推出的配备了 32 位 ARM CPU 的鼠标。

ATM机

尽管在数钱时听起来很机械,但 ATM 机通常运行 Windows 系统,而且错误的按键次序还可能导致"蓝屏死机"。

鱼缸

Business Insider 网站 2018 年的一份报告讲述了一家公司被"黑"的故事。窃贼通过鱼缸中支持 Wi-Fi 的温度计进入网络,成功地获取了公司高端客户的数据库。

是真是假?

蓝牙技术是以一位维京国王的名字命名的?

真或假

以下哪一项是无线网络技术?

 Wi-Fo?

 Wi-Fi?

 Wi-Fum?

触摸条

MacBook Pro笔记本电脑上的触摸条中也有一个处理器，它可以被看成是计算机中的计算机。

咖啡壶

世界上第一个网络摄像头是用来监视咖啡壶的，这样人们就知道什么时候要补充咖啡粉了。1993年，剑桥大学的计算机科学研究人员将摄像头的视频流连到了网络，此后连续直播了10年。

试一试！

想一想身边还有哪些地方有计算机，在下面的空白处写出来。为什么你觉得它们是计算机，它们的主要作用是什么？

160亿只螃蟹

2011年发表了一篇特殊的科学论文，论文作者计算出80只和尚蟹可以模拟CPU的单个逻辑门。一位推特用户更进一步，提出 16 039 018 500 只螃蟹能够运行游戏《Doom》的设想。

在哪里能发现计算机？

海洋

2020年夏天，微软尝试在奥克尼群岛附近的水下部署数据中心。该数据中心位于一个密闭的容器中，通过海水冷却，免受人类的干扰。微软宣布实验成功。

运动鞋

2018年，彪马发布了一款智能运动鞋，这款运动鞋内置传感器，能够测量运动期间所走的步数、行走的距离和消耗的热量，这些数据会通过蓝牙发送到智能手机的App。

灯泡

任何Wi-Fi连接技术都包含了一台计算机，曾经有人在宜家智能灯泡的处理器上运行了游戏《Doom》。

计算机的工作原理

计算机归根结底就是数学，特别是二进制数。二进制是一种只用1和0来表示数字的方法，因此十进制中的2应表示为10，十进制中的5表示为101，十进制中的10表示为1010，十进制中的20表示为10100。不用担心具体是怎么实现的；我们只需要理解，如果可以将任何数字表示为一行由1和0组成的序列，那么就能将其转换为开/关或是通/断的形式。这就是计算机通常被称为"数字计算机"的原因。

计算机处理器内部有许多许多晶体管。据估计，英特尔Coffee Lake家族处理器包含了2.17亿个晶体管，这些晶体管都很小，以纳米为单位——你需要用显微镜才能看到它们。晶体管可以被理解为一个开关——要么打开要么关闭，对应的就是1或0。多个晶体管组合在一起就能实现逻辑门的功能，而计算机操作数字信号的基础能力就来自逻辑门。

我们称这种数字信号的操作为"处理"，而这就是计算机在开机之后一直在做的事情。甚至鼠标的移动，以及随着鼠标移动屏幕上鼠标指针的重新定位，都是数字信号的处理。数字流告诉你的显示器哪些像素（构成图片的单个点）显示为蓝色，哪些显示为红色。从键盘获取输入并使文字出现在你的工作应用程序中，同样的还可以用智能手机拍摄一张照片，然后将其以无线信号的形式传输到你的计算机当中进行编辑。

可编程的能力是计算机能够正常工作的重要因素。如果不能编程，就不会有友好的Windows桌面来与你的应用程序进行交互——这样你就必须将你想输入的内容转换为处理器能够明白的二进制语言（称为机器码）之后再完成输入，同时还要能够理解计算机返回的二进制内容。

输入

你可以通过在键盘上打字、语音输入，或者使用鼠标或绘图板来告诉你的计算机该做什么。

哪一项不同？

鼠标　处理器　键盘　绘图板

答案：（处理器是计算机的一部分。）

计算机内存一般被称为：

- RUM
- RAM
- RUB

小测试

计算机处理器主要由什么组成？

A: 芯片

B: 晶体管

C: 奶酪

二进制使用的是哪两个数字？

A: 1 和 0

B: 8 和 10

C: 3 和 6

5的二进制表示是？

A: 203

B: 555

C: 101

构成显示器画面的点叫什么？

A: 方块

B: 像素

C: 斑点

计算机能够识别的语言是？

A: 机器码

B: 树莓派语言

C: Python

答案：B; A; C; B; A。

内存

你的指令会存储在计算机的内存中，直到它们被执行。

处理器

处理你的指令，并将响应传回内存。

输出

你的指令的处理结果将显示在屏幕上，或通过你选择的其他方法显示。

计算机的内部

计算机内部有4个主要的部件，没有它们计算机就无法工作。这些部件包括：处理器（CPU，中央处理器），处理所有数据的地方；内存（RAM），用于存储指令，处理器可以快速访问内存，不过关机之后其中的内容会丢失；存储器，速度慢但容量大，当关闭计算机后依然能够保留数据。

这3个部件会插入第四个部件：主板。这是一块巨大的电路板，上面布满了接口和插槽，还有一些接口露在计算机外壳表面，这样你就可以连接键盘和显示器之类的东西。主板将所有部件连接在一起，并让它们相互通信。如果一台计算机要用来玩游戏或进行3D渲染，这时可能还会有一个称为显卡或图形处理单元（GPU）的额外部件。

所有这些电子部件都需要电源，因此在计算机机箱内或机箱与电源插座之间通常会找到电源单元——它们从插座获取电能并将其变成适合计算机使用的电能。有时，计算机内部的部件会发热，因此你有可能会在机箱内看到用于降温的风扇，尤其是在CPU和GPU上面。还有一些计算机用户，特别是那些自己组装计算机的用户，喜欢用彩色的灯光来装饰计算机机箱的内部，你可以通过透明的侧面板看到彩色的灯光。

这些基本部件在树莓派这样的微型计算机、笔记本电脑、iMac这样的一体机，以及大型台式游戏机中都可以找到。它们同样存在于智能手机和平板电脑，以及服务器和数据中心当中。

你能记住并回忆出这个页面上所有的内容吗？

这些是哪些部分？

字谜游戏

1 RDAHRVDIE

2 ERRMBADOTOH

3 EPRSORCOS

4 RYOMEM

5 CPHGIRASACDR

答案：1. HARD DRIVE（硬盘驱动器）；2. MOTHERBOARD（主板）；3. PROCESSOR（处理器）；4. MEMORY（内存）；5. GRAPHICS CARD（显卡）。

哪一项不同？

哪个不是常见的计算机部件？

存储器　　显卡

内存

橡皮鸭

处理器

内存
我是随机存取存储器（常简称
内存，英文缩写RAM）。我真
的很快，但我空间不大，CPU
使用我来存储它需要快速读写
的指令和数据。

中央处理器
我是计算机的"大脑"，
是处理所有数据的地方。

存储器
我是硬盘（hard drive）、
固态硬盘（SSD）或存储
卡。我比RAM慢得多，但
可以长时间存储数据。

主板
我是一块巨大的电路板，所有
其他部件都插在我的上面。通
过螺丝可以将我固定在计算
机的外壳内，然后其他所有部
件都可以牢固地固定在我的
身上。

计算机硬件

计算机硬件是指物理意义上的计算机及连接到计算机的所有设备。前面我们已经介绍了计算机内部的硬件，现在让我们看看接在外部的硬件。这些设备通常被称为"外围设备"，它们能够扩展计算机的功能，让你的计算机完成绝大多数工作。

外围设备可以是打印机、扫描仪、绘图板、闪存驱动器、话筒或任何可以连接到计算机的设备。USB（通用串行总线连接标准，1996年推出，之后经过多次版本修订）的出现使得为个人计算机添加外围设备变得非常容易——你只需将它们插入接口，外围设备要么立即工作，要么会下载一个被称为"驱动程序"的软件来帮助它们工作。

越来越多的硬件（例如打印机和扫描仪）可以无线连接到家庭网络，从而允许连接到网络的任何其他计算机使用它们。同时，将打印机和扫描仪作为一体机出售的趋势则意味着许多家庭或办公室只需要一台设备，因此此类硬件的数量是比过去少的。

任何插入计算机并与之交互的设备都可以被视为外围设备——无论是内置了图像处理计算机的数码相机，还是通过MIDI接口连接的乐器，或者是常用于网络直播或网络视频电话的USB话筒和网络摄像头。外围设备为计算机添加了功能，没有它们的话也不会影响计算机的正常工作。

以下哪一项是将外围设备连接到计算机的常用方法？

☐ USB?
☐ UPS?
☐ TSB?

字谜游戏

下面混乱的字母是不同硬件的名称。你知道它们是什么吗？

1 IPNETRR

2 SNNRCAE

3 EAWBCM

4 YODRKAEB

5 CNHOIPMORE

答案：1. PRINTER（打印机）；2. SCANNER（扫描仪）；3. WEBCAM（网络摄像头）；4. KEYBOARD（键盘）；5. MICROPHONE（话筒）。

打印机/扫描仪

这些日常接触的外围设备可能不是太有趣，却是最有用的。

网络摄像头

这些小巧、便宜的摄像头彻底改变了我们的交流方式。

外接话筒

这些话筒的质量比你视频通话时使用的话筒质量要好，它为直播增添了专业的声音。

音乐键盘

很多乐器可以连接到计算机上，以便你录制和编辑自己的作品。

计算机软件

如果没有软件，我们的计算机什么也做不了。当我们打开它们的时候，将无法发出哔哔的声音，或是点亮显示器，甚至无法将两个数相加。

软件是我们编写的命令列表，用于告诉计算机要做什么，也是帮助我们完成工作的应用程序。它是我们玩的计算机游戏及我们听音乐使用的App。

有一种不同类型的软件，我们称为操作系统，它为计算机提供了使用其硬件所需的一切，以及为我们准备好与计算机交互所需的一切。典型的操作系统包括Windows、macOS和Linux。

编写的软件必须在特定的操作系统和特定类型的硬件上运行。目前大多数PC软件都是针对Windows编写的，硬件上则是兼容英特尔（Intel）和AMD的处理器。不过，苹果正在将它的计算机从英特尔的处理器变为自己制造的基于ARM的处理器，因此它的大部分软件都需要重写。编写软件通常被称为"写代码"，这个内容我们将在本书后面的内容中深入展开。

我们使用的大部分软件都归编写它的公司所有，这些公司会收取使用费。不过，一场以Linux操作系统为中心的自由软件运动中，软件是免费的，包括Linux操作系统。像这样的软件通常被称为"开源软件"，因为任何人都可以查看源代码并进行修改，而这对于你付费购买的软件来说是不允许的。有时，闭源软件也是免费的，所以如果你要修改软件，那么需要知道允许做什么样的修改。

办公软件

Microsoft Office这类的应用程序会将办公当中用到的应用程序（例如文字处理软件、电子表格软件和演示文稿软件）汇集在一起。

视频编辑

如果你从事电影制作行业，那么将需要像Da Vinci Resolve这样的视频编辑软件。它能将摄影机拍摄的素材拼凑成一个整体，还可以编辑配乐甚至添加特效。

照片编辑

出版图书、杂志或报纸的场景通常需要像Adobe Photoshop这样可以处理静态图像的照片编辑软件。大多数时候它只是让图片更亮或色彩更丰富，但也可以创建多个图像合并在一起的蒙太奇效果。

3D建模

为电子游戏创建角色或制作电影特效需要像Blender这样的3D建模软件和性能强大的计算机。《玩具总动员》和《星球大战》这样的电影大量地使用了这类软件。

哪一项不同？

哪个与其他不一样？

Adobe Photoshop

Blender

微软Windows

Da Vinci Resolve

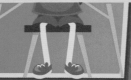

答案：Windows，它是一个操作系统而不是一个应用程序。

找不同

这张图片在软件中编辑过。你能找出其中4处不同吗?

找单词

你能找到这些软件的单词吗?

```
J M P L S L I O J D H H J I
O F F I C E H F D B N M S D
G J P N A T L X O V K O P S
M K J U D A L H X I N T E L
S Q L X I L K G H D L X K X
Q I P I U A P P L E J W T J
L S W J H M T R J O H I U L
K P U N L N W D I G I N I N
M I C R O S O F T M D D N F
V H N W L P Y K J A H O M C
K L Q K Y D L Q H E Q W S H
O S L T T Y J X L G K S F X
T T W S O L F C B H F A G G
W Q U P H O T O V J M X M X
```

PHOTO VIDEO OFFICE
WINDOWS APPLE
LINUX INTEL MICROSOFT

有趣的数字

41.4%

世界上最受欢迎的操作系统是安卓(Android),2021年在所有互联网的设备中占有41.4%的市场份额。

72.3%

2021年运行Windows的笔记本电脑和台式计算机的比例。

2.1亿

2019年交付给客户的计算机数量。

5000万

Windows 10操作系统中的代码行数。

答案:PHOTO(照片);VIDEO(视频);OFFICE(微软公司开发的一套办公软件);Windows(操作系统中的个人计算机操作系统);WINDOWS(微软公司研发的操作系统);APPLE(苹果公司);LINUX(一种免费使用的操作系统);INTEL(英特尔公司);MICROSOFT(微软公司)。

计算机如何思考

计算机的思考方式与你不同。它们的处理器和你的大脑完全不同，所以很难让它们以相同的方式"思考"。计算机处理信息并得出答案，其实是将所有内容分解为可以解决的数学问题，而不是像人类那样理解问题。

教计算机解决问题称为"机器学习"（machine learning），其中涉及算法（algorithm）的编写。算法也是计算机可以执行的指令列表——这有点像程序——不过它们需要根据执行结果进行调整。因此，如果想让计算机学习如何走直线，你需要在每次失败时调整参数。调整计算机的参数是非常快的，在计算机处理器变得越来越强大的情况下，我们可以非常容易地训练计算机完成重复性的任务。

想让计算机成为像人类思考方式一样的"人工智能"（artificial intelligence），是非常困难的。这是许多计算机研究人员的目标，不过目前我们还无法制造出一个能让我们无法分辨是人还是计算机的简单的聊天机器人。比人类聪明数百倍，将统治整个星球并同时进行数千次对话的"真"人工智能，仍然仅存在于科幻小说中。

真正像我们一样思考的计算机被称为神经形态计算（neuromorphic computing，neuro的意思为"大脑"，morphic的意思为"形态"）。这种计算是参考了实际大脑传递、处理信息的模式而设计的，这种形式非常新，不过人们希望这种技术能够提供新方法来创建更像我们的人工智能。

编程

打印 5 次 "Hello World!" 的算法。

开始
↓
Count = 0
↓
打印Hello World!
↓
Count = Count + 1
↓
判断Count <5是否成立？ — 是
↓ 否
停止

填空

用所提供的词填空

1 _____是需要调整的指令列表。

2 _____执行算法中的指令。

3 教计算机被称为_____。

计算机   算法   机器学习

答案：1. 算法，2. 计算机，3. 机器学习。

哪一项不同？

哪一种方式不算是计算机编程？

算法
软件
诗歌
编程

字谜游戏

1 **COIPEUHMRNRO**

2 **EINNGILTLEEC**

3 **LNNAIERG**

4 **TRSNAROSTI**

5 **HTROLMAGI**

答案：1. NEUROMORPHIC（神经形态）；2. INTELLIGENCE（智能）；3. LEARNING（学习）；4. TRANSISTOR（晶体管）；5. ALGORITHM（算法）。

有趣的数字

2250

1971年，英特尔4004 CPU中的晶体管数量。

134 000

1982年，英特尔80286 CPU中的晶体管数量。

4200万

2002年，英特尔Pentium 4 CPU中的晶体管数量。

3亿

2019年，英特尔Ice Lake家族CPU中的晶体管数量。

向计算机发出指令

可以通过许多不同的方式向计算机发出指令。最简单的方式是使用鼠标在操作系统桌面上打开窗口并移动文件。其实在较早的时候，所有的指令都需要使用键盘和复杂的文本命令来输入——如果你打错了一个字母，则会收到一条"语法错误"的提示消息，说明你的命令将无法执行。

计算机是非常直接的，你必须以完全正确的方式准确地告诉计算机要做什么，否则它们就不会执行指令。现在，主要的桌面操作系统上使用的WIMP交互形式（窗口windows、图标icons、菜单menus、指针pointers）在一定程度上解决了这个问题，但是一旦要对计算机进行编程，则对准确度的要求又会提高。

许多计算机都有一个终端命令行工具，用这个工具你可以直接通过文本的形式向计算机发出指令。如果你有一台树莓派计算机，那么可能就会对终端命令行工具比较熟悉，因为使用它是更新操作系统和安装新应用程序的最简单方法。Windows和macOS中也有终端命令行工具，虽然它远不及图形桌面那么友好，但是工具中会有提示符引导你开始输入指令。

无论选择何种方式发出指令，它们的处理方式都是相同的，即操作系统进行文件管理和应用程序安装，而应用程序本身维持自己的窗口状态，当窗口处于激活状态时就会接收你的指令。编程环境本身可以作为应用程序运行，例如Scratch。对于Python之类的编程语言，你可以在文本编辑器中直接编写代码。

以这种方式编写的代码可以在它们的编程环境中运行，如果编写的是HTML文件，则HTML文件可以在浏览器中运行。不过在文本编辑器中编写的代码需要编译以作为应用程序运行。这意味着将它们从编写它们的语言翻译成了机器码，即变成了计算机本身的语言。

试一试！

更新你的树莓派

需要什么

- 一台树莓派笔记本电脑
- 连接网络
- 键盘和鼠标

步骤

1. 用鼠标单击任务栏上的树莓按钮，在附件菜单中选择终端命令行工具。
2. 在提示符后面输入"sudo apt update"。
3. 观察包管理器列出的可以更新的内容。
4. 输入"sudo aptupgrade"。
5. 如果需要的话输入"y"。
6. 更新完成后关闭终端命令行工具。

学到了什么？

像这样进行树莓派的软件和操作系统更新可以保证你安装的始终是最新版本，这一点非常重要。你可以滚动观看文本以查看还有哪些内容已被更新。

试一试！
更新 Windows 10/11

需要什么
- 运行 Windows 10 或 11 的计算机
- 连接网络

步骤
1 用鼠标单击 Windows 开始菜单。

2 找到"设置"并单击"设置应用程序"。

3 单击"Windows 更新"链接。

4 单击"检查更新"按钮。

5 按照指示逐步操作。

学到了什么？
这是一种完全不同的操作系统更新方式，Windows 几乎不使用基于文本的指令，而是更喜欢基于鼠标的图形交互形式，这种方式不会像操作树莓派那样可以获得很多的反馈。

试一试！
重启

需要什么
- 一台树莓派笔记本电脑
- 键盘和鼠标

步骤
1 打开树莓派的终端命令行工具。

2 输入"sudo reboot"。

3 按下 Enter（回车）键。

学到了什么？
这只是重新启动树莓派，但这是一个能马上看到效果的终端命令。"sudo"是"superuser do"的缩写，这意味着你可以执行比你的用户权限更高的命令——有些系统在执行这类命令前会要求你输入管理员密码，但树莓派不需要。

网络

我们所说的网络（Internet），即万维网（World Wide Web），2021年就已经30岁了。它由蒂姆·伯纳斯－李在瑞士CERN实验室工作时创建，最初是作为与同事共享数据的一种工具。网络可以看成是很多网页的集合，而网页又是通过类似HTML这类的超文本语言（一种允许通过链接及附加图形内容进行交叉引用的文字描述）编写的。网络的URL也是需要特别关注的，这是一种使用"www"作为识别开头的语法，这种语法对应着整体资源的位置。网页可以通过浏览器来访问：你可能知道其中的一些，比如Edge、Safari和Google Chrome。

我们与之交互的万维网实际是搭建在网络上的，万维网和网络听起来像是同一个词。网络是由相互连接的服务器节点、互联网协议（Internet Protocol，IP）地址和大量的电缆组成的系统，通过这个系统使得美国西海岸网站的数据能够被英国埃塞克斯郡的笔记本电脑，或是世界上任何地方的计算机读取。

如今，网络已融入我们的生活——我们用它来了解新闻、看电视、给长辈发消息、玩游戏、听音乐，甚至于在我们外出购物时，可以通过家庭摄像头了解家里的情况。所有这些通过网络都能轻松实现。

网页可以是静态的，这样它们就会完全按照编写的方式显示；也可以是动态的，这种情况下它们是由服务器上链接到页面数据库的程序生成的。静态页面往往比较简单，不过大型新闻机构为了能够不断地发布新闻使用的大都是动态页面，这样，网页顶部会出现数据库中最新添加的内容。

更复杂的页面被称为网络应用程序——它们就像计算机上的应用程序一样，只不过它们是在浏览器中运行的，使用的是云服务器。比如编程环境Scratch。

试一试！

Hello world

需要什么
- 计算机
- 一个像"记事本"这样的文本编辑软件
- 浏览器

步骤

1 打开"记事本"或其他纯文本编辑器，注意不能用Word这样的软件。

2 输入：

```
<html>
 <head>
 </head>
 <body>
<h1>Hello World<h1>
</body>
</html>
```

3 将文件另存为helloworld.html。

4 双击该文件，并在出现提示时用浏览器打开。

5 查看显示输出。

```
hello world.html - Notepad
File Edit Format View Help
<html>
<head>
</head>
<body>
<h1>Hello World<h1>
</body>
</html>
```

学到了什么？

这里你编写了一段简单的HTML代码，实现的效果是在浏览器中以大粗体字母显示"Hello World"。你可以更改两个<h1>标签之间的内容以更改网页上显示的内容。

哪一项不同？

你在网络上找不到以下哪些内容？

网页

网络应用程序

网站

网络花园

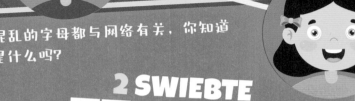

字谜游戏

下面混乱的字母都与网络有关，你知道它们是什么吗？

1 TETERNIN

2 SWIEBTE

3 ROOCTPLO

4 SEBWORR

5 ODWELIWDR

答案：1. INTERNET（互联网）；2. WEBSITE（网站）；3. PROTOCOL（协议）；4. BROWSER（浏览器）；5. WORLDWIDE（遍及全球）。

试一试！

在 Windows 上查看计算机的IP地址

需要什么

· 一台安装了 Windows 的计算机

步骤

1 弹出开始菜单，输入 "cmd" 打开命令行工具。

2 在提示符后面输入 "ipconfig"。

3 查看 "IPv4 address" 下的显示内容。

学到了什么？

这会显示大量有关你的 PC 的网络连接信息，不过我们只对 IP 地址感兴趣。这组数字是家庭网络上你的 PC 的地址，IP 地址数字大都是 192.168.X.X 的形式，因为它们是为家庭使用而保留的。我的 IP 地址是 192.168.1.48，而我的路由器（默认网关）的 IP 地址是 192.168.1.1。

我看到了自己计算机的IP！

如何操作你的计算机：尝试一些很酷的操作

只靠计算机而没有你的参与，计算机做不了任何事情。没有得到你的命令，它会一直等在那里，直到计时的时间用完进入休眠状态以节省电力。

我们给计算机的命令必须是正确的。计算机按照"rubbish in, rubbish out"（不好的输入一定会得到一个不好的结果）的原则运行；因此，如果你的命令不正确，那么最终也不可能得到预想的结果，或者干脆得到一个错误提示信息。

为了解决这个问题，我们专门开发了许多的编程语言，也开发了一种包含菜单、窗口和指针的便捷语言，这意味着熟悉它们工作方式的人坐在任意一台计算机前，都能够完成一些事情。我们打开应用程序和处理文档的方式在Windows、macOS或Linux机器上都是一样的，而且20年来基本也都一样。有一些特殊的人——很多Linux用户喜欢命令行的工作方式（就像20世纪80年代一样），但是我们为日益强大的计算设备发明的更加友好的前端，也使得为计算机提供正确的命令集不再像以前那么困难了。

基本计算机操作

认识右键菜单

你的鼠标有两个主要的按钮。第一个（左）用于直接交互——单击选择，双击打开文件和文件夹；而右侧的按键则用于打开一个上下文相关的菜单，通过这个菜单可以做更多的事情，例如删除文件、复制、粘贴及创建新文件夹。

需要什么
• 运行 Windows 10 或 Windows 11 的计算机

步骤

1. 打开文件夹
可以在有文件和文件夹的任何位置单击右键。尝试在桌面单击右键得到更改背景图像的选项，或者右键单击文件夹中的文件打开对应的菜单。双击"文档"或"图片"这样的文件夹并在其中尝试。

2. 右键菜单
根据计算机上安装内容的不同，右键单击文件将会得到不同的菜单选项。

3. 选项
菜单上的选项包括"打开方式"，这个选项允许计算机用你选择的应用程序来打开文件。还有"发送到"，这个选项允许你将文件发送到几个预设的目的地。

4. 在其他应用程序中
大多数操作系统和应用程序都内置了右键单击菜单。在文字处理软件或图像编辑软件中尝试单击右键，看看会得到什么不同的选项。

学到了什么？
鼠标右键与左键一样重要，因为右键会帮助你打开一个上下文相关的（根据单击的位置而变化）选项菜单，这可以让你在单击时获得最好的选项。

移动文件

你可以通过鼠标指针在文件夹之间移动文件，这些文件就像是一个物体一样。尝试此操作之前，要确定你知道对应计算机的用户名和密码。

需要什么
• 运行 Windows 10 或 Windows 11 的计算机

步骤

1. 打开一个窗口
在计算机的桌面上，应该有一个标有用户名名称的文件夹。双击打开它，则会看到名称为"文档"和"图片"的文件夹，双击它们。

2. 复制文件
单击"文档"文件夹中的文件并按住鼠标左键，然后移动鼠标指针，将文件移到"图片"文件夹中，这个过程中要一直按住鼠标左键。这个操作称为"拖曳"。接着松开鼠标左键，则对应的文件就会移动到"图片"文件夹中。如果对不同驱动器上的文件夹执行相同的操作，则文件将被复制过去，而原始文件依然保持不变。

3. 放回去
重复上一步操作，不过这次是将文件移回"文档"文件夹。

学到了什么？
以这种方式移动和复制文件是使用现代操作系统的重要技能。我们已经在 Windows 上尝试了这个操作，在 macOS 和 Linux 上的操作也是一样的。

使用 Emoji

Emoji 是指一种能够代替文字的小脸表情和符号，这种表情和符号有时比打字更能表达你的感受，它们可以在所有主流的计算机操作系统中使用。下面来尝试使用这些表情符号。

需要什么
• 一台 Windows、macOS 或 Linux 计算机

步骤

1. 在 Windows 中
要在 Windows 中使用 Emoji，可以将插入点（当你输入时出现的竖线）放在你想要输入的位置，然后同时按下 Windows 键和句号，此时就会出现一个选择 Emoji 的弹窗。

2. macOS 上的 Emoji
对苹果电脑来说，快捷方式是 Command+Control+空格键。如果你使用的是带触摸条的 MacBook，Emoji 也会出现在那里。

3. Linux 中的 Emoji
某些 Linux 版本内置了 Emoji，例如 Ubuntu，其快捷方式位于右键单击菜单上。而对于其他的 Linux 版本，比如树莓派，想要使用 Emoji 并不容易。

学到了什么？
Emoji 其实无处不在，不仅仅是在移动设备上。你可以在聊天中使用它们，甚至可以将它们写进文档中，但如果你在作业中使用它们，需要后果自负。

认识开始菜单

自1995年以来,"开始菜单"一直是Windows操作系统操作的主要部分,不过随着操作系统的更新,"开始菜单"一直在变化。在Windows 11当中,你可以看到应用程序和文档的列表,以及用于关闭或重启计算机的按钮。而Windows 10差不多,只是上面有更多的大图标和链接。

需要什么

• 运行Windows 10或Windows 11的计算机。

步骤

1. 弹出菜单

在大多数版本的Windows中,你会在左下角找到"开始"按钮(现在按钮上不再显示"开始",而是一个Windows的图标)。Windows 11则将按钮移至了更中间的位置,不过可以选择将其移回左侧。

2. 应用

出现在"开始菜单"上的应用程序被称为"已固定"状态——你可以右键单击并选择"取消固定"将其删除。如果看不到所需的应用程序,请单击"所有应用"按钮以查看计算机上安装的每个应用程序,这些应用程序是按照字母顺序排列的。

3. 文档

Windows 11"开始菜单"上的"推荐的项目"部分提供了一些最近打开的选项。如果你需要查看在该计算机上创建或编辑的所有文档,包括图像和视频的列表,可以单击"更多"按钮,或是打开相关的"文档""图片"或"视频"文件夹。

4. 关机或重启

Windows 11"开始菜单"右下角(Windows 10左下角)的电源按钮提供了关机或重启计算机的选项。不要尝试以直接切断电源的方式关闭计算机,正确的关机方法是使用菜单项的这个选项。

学到了什么?

Windows中的"开始菜单"中包含所有应用程序和文档的快捷方式。你还可以使用它来关机和重启计算机。睡眠会使你的计算机进入省电状态,处于这种状态的计算机可以被快速唤醒,而休眠则是更深的睡眠,需要更长的时间才能唤醒。

照片编辑

在Windows中编辑照片

编辑照片是计算机非常擅长的事情之一，不仅有很多应用程序和网页可以帮你轻松完成照片的编辑，Windows 和 macOS 中也内置了名为"照片"的应用。

需要什么

- 一台 Windows 计算机
- 浏览器
- 一些照片和视频
- 想象力

步骤

1. 在 Windows 的"照片"应用中编辑图片

右键单击图片，在"打开方式"中选择要编辑的照片，或是将文件拖到应用的任务栏图标上。点开右上角的"编辑和创建"菜单找到对应的选项。

2. 裁剪和拉伸

这个工具可让你拉伸比例不合适的照片或是裁掉边缘好让更多的注意力集中到照片中间的主题上。应用右侧始终有一个重置按钮，防止你出现错误的操作。

3. 滤镜和调整

"滤镜"是更改图像颜色的一键式功能键。"调整"则是通过滑动条来细致地调节照片的各项参数。

4. 保存或保存副本

单击"保存"会将你打开的文件替换为新编辑的版本。"保存副本"则会在同一个文件夹中创建一个新文件。"保存副本"通常是更好的选择，除非你不介意丢失原始文件。

学到了什么？

使用 Windows"照片"应用来编辑照片是一个简单的过程，虽然你能够在其他地方找到有更多选项和功能的应用程序。

在macOS中编辑照片

在 macOS 中执行的操作与在 Windows 中执行的操作大致相同，不过你可能会发现这些应用程序有不同的名称而且位于不同的位置。macOS 的内置照片编辑应用也称为"照片"，但是作用不太一样。

需要什么

- 一台 Mac 电脑
- 浏览器
- 一些照片和视频
- 想象力

步骤

1. 打开照片

在快捷栏或应用程序文件夹中找到照片，然后打开它。如果你之前添加过照片，则会看到它们。否则，就按照说明添加一些。

2. 自动编辑

双击照片，然后单击右上角的编辑按钮。这样界面会发生变化，你可以使用一些自动选项来编辑照片，例如"光""颜色"和"黑白"。

3. 手动编辑

你可以随心所欲地调整滑块——左上角有一个"还原"的按钮——还可以使用润饰工具去除瑕疵，并使用"可选颜色"来实现特殊效果。

4. 保存

可以直接按下"完成"按钮来保存。原始文件是不会被覆盖的，因此如果你想共享你的图像，需要通过"文件>导出"以创建一个新文件。

学到了什么？

在 macOS 上编辑照片很容易，而且由于可以随时恢复为原始文件，所以你不用担心照片丢失。

使用Google Photos编辑照片

Google Photos与其他的照片编辑应用有点不同，它是在浏览器中运行的，你需要一个谷歌或Gmail账户才能使用它，因此需要找一个成年人帮你设置一下。

需要什么

• 一个谷歌账户

步骤

1. 在Google Photos中打开图像

许多手机会自动将图片上传到Google Photos。如果没有，那么使用"上传"按钮从你的计算机上上传一张。

2. 滤镜

"滤镜"是一键更改图像许多内容的选项，例如亮度或清晰度。

3. 滑动条

滑动条允许许你对图像进行细致的手动调整。

4. 裁剪和旋转

如果你想更改图像的方向，或裁剪某些内容以使画面聚焦主要拍摄对象，那么可以在这里进行。

学到了什么？

当没有其他应用可用时，Google Photos是一个不错的网络应用。另外Google Photos还有手机和平板电脑中的应用。

在Canva中编辑照片

Canva是一个网络应用，其中有很多可以用来装饰你的照片的工具。Canva的照片编辑的功能很基础，几乎什么都没有，不过设计功能非常好。你可能需要电子邮件地址和密码才能登录，因此需要成年人帮忙。

需要什么

• Canva

步骤

1. 使用模板

Canva可以完成很多设计任务，上手的最好方式之一就是使用准备好的模板。

2. 添加一些文字

单击文本，然后就可以编辑你想写的任何内容了。

3. 改变图形

下拉左侧的"元素"菜单，你将找到大量图形来替换模板上的图形。

4. 导出

单击"..."菜单，你将看到有关如何发布到不同网站的选项，或是将作品下载到本地计算机的选项。

学到了什么？

某些网站会希望它们的帖子采用特定的尺寸和格式。虽然网站会转换你上传的任何内容，但Canva的模板能够帮助你实现这些目标。

在Canva中创建桌面壁纸

需要什么

• Canva

步骤

1. 打开图片

Canva中包含大量免费图片。可以在左侧查看照片或上传自己的照片。

2. 快速编辑

可以从顶部工具栏中选择效果和滤镜。试一试——注意有一个撤销按钮。

3. 更多编辑

可以通过滑动块进行调整。放手大胆尝试。完成后单击"下载"。

学到了什么？

通过右键单击桌面并选择"个性化"（Windows）或"更改桌面背景"（macOS）菜单，可以将你下载的图像设定为计算机的桌面壁纸。通过这种方式你可以在桌面上显示任何图像，不过最好尝试找到与你的屏幕大小相匹配的图像。

继续尝试5个Canva项目

制作海报

你的鼠标有两个主要的按钮。第一个（左）用于直接交互——单击选择，双击打开文件和文件夹；而右侧的按键则用于打开一个上下文相关的菜单，通过这个菜单可以做更多的事情，例如删除文件、复制、粘贴及创建新文件夹。

需要什么
- 浏览器
- 免费的Canva账户
- 想象力

步骤

1. 选择模板
这一步不是必须的，不过采用模板通常效率会更高。我们要将自己的图像添加到模板中，因此可以将照片拖曳到"上传"选项卡，或是按下紫色按钮。

2. 更换图片
将"上传"选项卡中的图像拖曳到模板中的其他图像上进行替换。

3. 更改文本
海报上的文字都是可以编辑的。如果你需要仔细查看，右下角有一个缩放控件。

学到了什么？
为学校活动或与朋友一起制作海报是一种很好的练手方式。使用Canva的模板看起来有点取巧，不过，如果你调整的细节足够多，那也可以相当于是原创的。

制作照片饼图

如果你去某个地方拍了很多照片，那么展示它们的一种好方法是将它们合成一张照片拼图。

需要什么
- 免费的Canva账户

步骤

1. 导入图片
选择一个模板并导入图片。开始时可以用新的图片替换模板中的一些图像。

2. 调整图像大小
如果你想在框内移动或调整图像大小，那么就双击图像，然后拖动图像改变位置，或是通过四个角调整大小。

3. 改变字体
双击选择文字可以改变字体，接着下拉顶部栏下方左侧的菜单。这里你会找到所有可以使用的字体。

学到了什么？
照片拼图是展示你拍摄照片的经典方式。

感谢信

你的生日收到了什么礼物？不管是什么，发送一封感谢信作为反馈总是很好的，所以可以在Canva中制作一个感谢信。你只需要送给你礼物的人的电子邮箱地址。

需要什么
- 电子邮箱地址

步骤

1. 模板
感谢信的模板有两页。如果你想简单一点，一页也是可以的。

2. 添加新页面
使用底部的"+添加页面"按钮添加一个新页面。如果你没有使用模板，那么新页面将显示为空白。

3. 添加文字
打开"文本"选项卡以查找可应用于文本的各种特殊效果。首先选择一种样式，然后输入文本，最后拖动4个角以更改其大小。

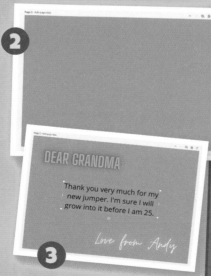

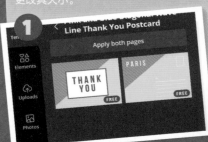

学到了什么？
除了让送给你礼物的人感到非常高兴之外，感谢信还是一个简单而富有创意的项目。

派对邀请卡

每个人都喜欢生日派对，能收到派对邀请并参加派对也非常好！使用Canva制作精美的派对邀请卡。

需要什么
- 一台 Windows 10 或 Windows 11 计算机

步骤

1. 开始
可以使用模板，但如果你愿意，也可以从空白页开始。两种方式都可以试试。

2. 添加元素
Canva中的"元素"选项卡包含了可以添加到邀请卡中的各种图形——搜索派对的主题，或是直接滚动浏览。

3. 过滤和调整
元素可以像照片一样进行过滤和调整，因此尽量尝试各种操作，直到你满意为止。

学到了什么？

"元素"选项卡包含了各种图形，从背景图像到运动的太空人，你可以使用这些图形让你的作品更加吸引眼球。

分享或打印你的作品

一旦你完成了编辑和设计，你一定希望其他人能看到你的作品。那么你可以直接在Canva中分享，或者将它们作为文件下载到本地，再或者直接在线打印或使用家里的打印机打印。

需要什么
- 一台 Windows 10 或 Windows 11 计算机

步骤

1. 分享按钮
"分享"按钮会帮助你通过电子邮件将链接发送到你想要与之分享的任何联系人——他们可以再次编辑它，或者只是查看它。

2. 下载按钮
单击此处打开下载选项。不同的创作需要采用不同的文件格式，因此请注意计算机建议的是哪种格式。

3. 发布菜单
这个菜单隐藏在右上角的"..."后面，发布菜单可以让你将作品直接分享到社交媒体或访问数字打印服务。这需要付款，所以要请大人帮忙。

学到了什么？

分享作品的方式很多，也许你只是想将其打印出来，或者想将其发布到社交媒体上。

尝试一些多媒体项目

短视频

Canva 不仅能处理静态的照片，它还内置了一个视频编辑器，在本书使用的 Beta 版本中，这个功能就能使用。在这个视频编辑器中，主预览窗口占据了大部分屏幕，下面是时间线。在剪辑窗口的一侧有一个素材框。其他更好的免费视频编辑软件我们稍后再作介绍。

需要什么

- 带有浏览器的计算机
- Canva 账户
- 一些照片和视频

步骤

1. 添加素材
与上传照片相同，将视频片段添加到 Canva。注意，你文件大小要控制在 1GB 以下。

2. 剪辑
选取你想要的视频片段是个技术活儿——拖动黑线在时间线上进行剪辑。

3. 添加视频片段
单击剪辑时间线上末尾的"+"，然后选择"添加"页面。这会在时间线上添加一段视频片段，新添加的视频片段也可以剪辑。

4. 转场
从"+"按钮中选择"修改转场"，可以从淡入淡出、擦除这样一些转场效果中选择视频片段之间的转场方式。

学到了什么？

在 Canva 中编辑几个视频片段是很容易的。这个视频编辑器目前处于测试阶段，因此非常基础，我们希望随着项目的进展会添加新的功能。

混合媒体

Canva 的一大优势在于它对每个元素的操作都差不多，无论是视频、照片还是简单的盒子。你只需将其拖到画布上，然后将其缩放到合适的大小。如果要删除某些内容，只需单击它，然后单击右上角的垃圾桶图标。

需要什么

- 带有浏览器的计算机
- Canva 账户
- 一些照片和视频

步骤

1. 缩小你的视频片段
如果时间线上只有一个视频片段，那么它将填满预览窗口。单击它，并按住角的位置进行缩放，这样你就可以从素材框中拖入其他更多的元素。

2. 添加元素
Canva 的元素可以是静态图形或动画。当你将元素拖进去的时候，它通常会比较大，所以将它们缩小。看看它是如何出现在时间线上的？

3. 添加更多
你可以将尽可能多的内容添加到拼图中。添加新页面时，你需要重新添加或更改内容。

学到了什么？

由于 Canva 对待所有元素的方式相同，因此很容易向项目中添加大量不同的内容，并将其导出为视频。

样式

Canva的样式与其模板巧妙地集成在一起。如果你选择其中的一种，就会将文档中的所有颜色和字体更改为样式中的颜色和字体，这让你能够根据主题迅速地做出许多改变。

需要什么

- 带有浏览器的计算机
- Canva账户
- 一些照片和视频

步骤

1. 选择一种样式

我们可以使用模板，但这不是必须的。如果想查看不同样式的差异，可以先选择一种样式，再选择另一种样式——这样就能直观地看到有什么不同了。

2. 字体

样式可以分为字体和颜色。有些字体看起来很有趣，而另一些则是更商务的样式。

3. 颜色

通过双击选择文字来改变文字的外观，然后下拉顶部工具栏下方左侧的菜单。在那里，你会找到所有可用的不同字体。

学到了什么？

颜色和字体可以改变文字给人的感觉。派对可以使用大胆的颜色和有趣的字体，如果想严肃一点，可以使用更正式、更商务的样式。

动画

添加动画确实可以让你的创作更出彩，不过在Canva中添加可能需要一点技巧，因为Canva不是一个完整的动画应用程序。

需要什么

- 带有浏览器的计算机
- Canva账户
- 一些照片和视频

步骤

1. 页面动画

Canva非常擅长让元素在一定范围内移动，不过你对这个过程没有太多控制权。在页面上选择一个元素，然后单击顶部的"动画"。

2. 动起来

页面动画会影响页面上的每个对象：照片动画影响帧内的图像，元素动画影响元素。选择的内容不一样，在左侧看到的选项也不一样。

3. 清除背景

动画可能会显示叠加在照片和元素之下的内容，因此要确保背景都清除干净了，否则在动画中就会看到它们。

学到了什么？

制作动画要花很多的精力。Canva不是一个完整的动画程序，它的功能是有限的。

导出视频

一些文件格式仅是静态图像，比如.jpg、.png、.tif，而像.gif这种格式支持动图，像.mp4、.avi、.mpg这样的格式是真正的视频格式。选择正确的格式很重要。

需要什么

- 带有浏览器的计算机
- Canva账户
- 一些照片和视频

步骤

1. GIF动图

老的GIF（Graphics Interchange Format，图形交换格式）文件支持动画但不支持声音，而且文件可能也很大。这种格式能正常工作，但社交媒体通常会将其转换为视频文件。

2. 视频

Canva可以导出支持声音的MP4视频。这是在线分享的最佳格式。

3. PDF

PDF不支持动画，但人们可以在任何设备上打开PDF，这方便你向人们展示你的作品（虽然它是静态的）。

学到了什么？

只有某些文件格式可用于动图。Canva支持MP4和GIF，这两种格式可以上传到大多数社交媒体网站。PDF最适合通过电子邮件发送静态作品——它们可以在任何设备上完美打开，而且无法编辑。

33

尝试照片处理的项目

制作搞笑的图片

这是一个更复杂的项目，我们将使用名为 Adobe Photoshop Elements 的照片编辑应用程序。这个软件每年都会更新，本书中使用的是 2021 版本。这个软件需要付费，因此需要让成年人帮忙。软件适用于 Windows 和 macOS 的计算机，没有 Linux 版本的。

需要什么

- 一些照片
- Adobe Photoshop Elements
- 想象力

步骤

1. 基础
Photoshop Elements 是一个基于图层的编辑器，这意味着你可以将照片分成很多层，并使用不同层的内容来创建新的图片。

2. 选择
"选择"是使用 Photoshop Elements 的重要操作。打开一个中心主题强烈的照片，然后单击"选择>主题"。

3. 去除背景
打开图层窗口（窗口>图层）并双击背景图层使其成为图层 0。然后，单击"选择>反转和编辑>删除"，这样就能去除背景。

学到了什么？

通常删除背景没那么容易，但"选择>主题"是我们使用这个应用程序的主要原因。Elements 有其他选择工具，包括完全手动的选择工具，但自动主题选择是最明智的选择。

组合你最喜欢的照片

步骤

1. 拖放
打开另一张要用作背景的照片。使用"移动"工具（在左边，符号是一个箭头和一个十字），将你的无背景图像拖到新的图像上，无背景图像将作为新的一层显示。

2. 调整大小
你可以通过图片的角调整图像大小，就像在 Canva 中的操作一样。要尽量把图像缩小一些，因为图像变大就会失真。

3. 添加阴影
请注意背景照片中光线是从什么方向照过来的。右键单击图像，然后选择"图层样式"。在这里选择"投影"。接着通过选项设置照明方向。

学到了什么？

一旦将一个图层放在另一个图层上，你就可以移动它、调整它的大小或使用图层样式来添加特殊效果。放心尝试吧，这里有"编辑>撤销"功能可供使用。

更多的层

我们没发现相互叠加的层数限制。下面我们会将 3 张图片混合在一起，不过如果你的作品需要，还可以包含更多层。

步骤

1. 保存
定期保存是不丢失工作成果的关键，要不然你有可能会听到自己心碎的声音。原生的 PSD 格式会保留图层的信息，以便之后可以继续编辑。别的格式则无法保留。

2. 导入另一张照片
我们使用"选择>主题"来选择另一张照片，一个小男孩的照片。将这张照片拖放到背景图上。现在这个小男孩在狗的前面，但我们希望他在狗的后面。该怎么办呢？

3. 调整图层顺序
图层窗口上的图层可以上下拖动，所以可以用鼠标将图层 1 放在图层 2 的前面。快速地调整一下大小，让整个照片看起来像是他骑在那只狗身上。

学到了什么？

能够更改图层的顺序意味着你可以更改图像的最终呈现结果。

图层副本

图像不是只能有一层，这意味着你可以将多张图片重叠，就像我们将在狗和"骑手"身上看到的那样。

步骤

1. 副本
我们将为图层1和2创建副本，这样整体上图层的顺序就是1、2、1、2、背景。右键单击图层，然后从菜单中选择"副本"。

2. 清晰的图层样式
在同一个右键单击菜单中，使用"清除图层样式"清除两个新图层的阴影。

3. 擦除
使用带有软刷子的"橡皮"工具刷掉最顶层小狗图像中的部分身体，这样小男孩的腿就自然地绕在了狗的脖子上。

学到了什么？

一旦有了一堆图层，你就可以使用"橡皮"工具擦掉图像的一部分，这样下面的图层就会显现出来。使用软刷（见界面底部的灰色工具栏）可以让图片看起来更自然。

搞笑

Photoshop Elements 有两个非常适合"处理"人脸的工具。第一个称为特征调整，另一个是液化。记住要随时保存。

步骤

1. 调整面部特征
在"增强"菜单上能找到这个功能。在开始之前，请确保你选择了正确的图层。这个工具有它的局限性——你不能把它推得太远。

2. 液化
找到"滤镜>扭曲>液化"。这会比"调整面部特征"更进一步，但不太自动，所以我们要一点一点地实现想要的效果。

3. 最后
在你的作品中添加更多角色、对象或任何其他内容。另存为PSD，然后导出为JPEG或PNG格式以便在线发布。

学到了什么？

你已经学会了选择照片、堆叠图层并将它们混合在一起。

录制和编辑音频

获取Audacity

Audacity是一款免费的录音和编辑软件，非常适合自己作为播客录制音频。播客有点像广播节目，但与广播不同的是，播客的音频文件是通过服务器分发到移动设备上的播客应用程序中的，或是托管在网站上。这里，我们将会使用Audacity来录制和编辑播客节目。

需要什么

- 一台Windows、macOS或Linux计算机
- 话筒
- Audacity软件（免费）

步骤

1. 获取 Audacity

Audacity是免费的，在Windows、macOS和Linux计算机上都可以使用。找一个成年人来帮忙，在浏览器中访问相关网站下载它。

2. 安装

下载的文件是安装文件。需要运行它来安装软件。同样，如果需要，找一个成年人来帮忙。

3. 初识 Audacity

Audacity的界面起初看起来就是一片空白的灰色，不过界面中有一些能识别的工具，例如红色圆圈的 Record 按钮。

学到了什么？

安装Audacity之类的应用程序很容易，只要获得了计算机所有者的许可。在这里使用的是版本3，这是撰写本文时的最新版本，但如果你在2025年或以后阅读本书，那软件看起来可能就会有所不同。

录制音频

在录制播客时，提前做好计划很重要。可以列出谈话要点，甚至写一些脚本，但尽量不要让它听起来像是在念稿，因为这听起来不自然，并且缺乏创造性及即兴对话的感觉。在检查设备是否正常工作之前，请务必先进行测试，另外不要担心录得太多——你可以随时将多余的内容剪掉。

步骤

1. Audacity 只能用一个话筒

因为这样，你可能需要让每个参与者都使用自己的话筒和录音设备分别录制自己的内容，然后再一起编辑。

2. 多数话筒是定向的

虽然有些话筒是全指向的，但多数都是心形指向的，这意味着它们对前面的声音最敏感。确保正确使用了你的话筒。

3. 不要担心错误

想笑就笑，但别停下来，记得要重新录刚才出错的部分。你可以稍后将错误的部分剪掉，或者将笑场的部分当作一个花絮。

学到了什么？

如果你有一个可以插入手机的话筒，那么可以轻松绕过一个话筒的限制，将生成的文件导入Audacity以供后续编辑。如果你打算只用一个话筒进行操作，请确保大家的声音质量同样好。

连线

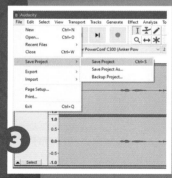

在开始录制播客之前，你需要某种话筒。从笔记本电脑内置的微型话筒到非常昂贵的工作室品质话筒都是可以选的。中间档次的可以选择一些品牌的USB话筒，这类的都不太贵，如果你想成为一个普通的播客，可以看看。

步骤

1. 连上话筒

如果你使用的是外部话筒，则将USB线插入计算机上的USB插槽中。稍等一会儿，它应该会被识别出来，并出现在Audacity的下拉列表中。

2. 测试

按下录音按钮后开始说话。最好在一个远离背景噪声的安静地方。如果你在波形中看到红色显示，那么请调低录音电平。

3. 保存

Audacity不会自动保存，因此要经常保存。

学到了什么？

你刚刚完成了第一次录制——恭喜！选中音轨并选择"Tracks" > "Remove Tracks"来删除这段音频。如果可以，继续尝试在不同的位置使用不同的话筒，直到你找到听起来清晰自然的组合。

基本编辑

步骤

1. 备份
虽然有一些保护措施，但Audacity会在保存时覆盖文件。因此应将原始录音导出为WAV文件以确保其安全。

2. 修剪
删除你不想要的录音开头和结尾。在音轨的开头，单击开始说话之前的位置，然后选择"Select>Region>Track Start to Cursor"，然后选择"Edit>Delete"。在结尾做同样的事情，不过最后选择的是"Cursor to Track End"。

3. 修正错误
你所说的一切都将以波形显示。当你想要删除某一段的时候，只需用鼠标指针选择它，然后选择"Edit>Delete"，前后的波形会自动接在一起。

4. 撤销
再听一下你剪辑后的音频。如果听起来不自然，或者你认为哪里有问题，那么请再试一次：选择"Edit>Undo Delete"将刚才删除的内容恢复回原处，然后重试。

学到了什么？
编辑应该是在听众感受不到的情况下从录音中删除一些内容，所以不应该有咔嗒声或突然跳到单词的中间。如果你发现有这样的情况，请立即撤销并重试。波形将显示单词之间没有发声的位置在哪里，可以在那里进行剪切。

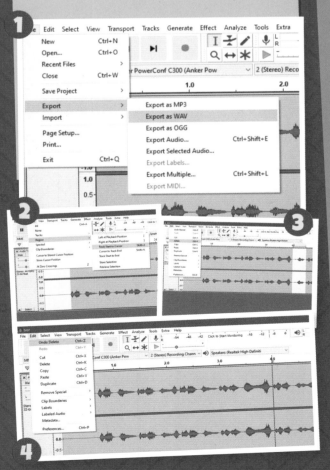

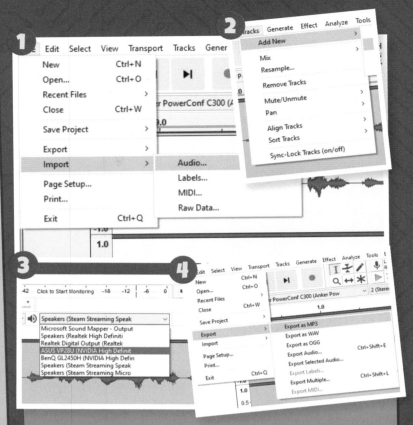

配音和导出

配音是将一个或多个音轨合并为一个的技术。通过这种方式，你可以将背景音乐添加到播客中，甚至可以重新录制错误比较大的部分并再进行编辑。

步骤

1. 背景音乐
将音乐文件作为新音频导入，并调整其音量，使其不会压住你的声音。你可以从相关网站获得免费音乐。

2. 录制新音轨
要录制额外的声音，需要再次设置你的话筒，然后使用"Tracks>Add New>Stereo Track"创建一个新音轨。将现有的音轨静音，选择新音轨，然后照常录制。

3. 配音
如果你不静音其他音轨，那么可以在录制新音轨时听到它们。确保你的输出设备是耳机，否则新的音轨中将录制现有音轨的声音。

4. 导出
将完成的播客导出为MP3文件，以便上传或通过电子邮件分享。MP3是一种压缩格式，所以文件会比你一开始导出的WAV文件小很多。

学到了什么？
像这样录制和编辑音频是一件很厉害的事！

什么是编码

当程序员编程时会产生程序。编码的意思是一样的——当编码员编码时会产生代码，但代码并不总是意味着程序。编码员也制作网站，编写在小型连接设备中运行的代码。

代码用计算机可以理解的多种语言来编写。这些内容会将你希望计算机执行的操作分解为小的步骤，并告诉计算机在可能遇到的每种情况下要执行的操作。由于计算机是以二进制的1和0"思考"的，因此这些语言必须易于转换为二进制，这一过程称为编译，编译由软件完成。并非每种计算机都喜欢相同的二进制文件，因此编译器程序针对不同的目标CPU和操作系统，其设置也不同。

你可以将编码视为计算机的翻译器。有人会使用人类语言（例如英语）告诉编码员或程序员他们想要什么，然后编码员将其转换为C或Python等编程语言，最后编译器再将其转换为二进制或机器码。

找单词

你能在下面的区域中找到与编码相关的英文单词吗?

PROGRAMMING
LANGUAGE
COMPILER
BINARY
CODING

```
Y U I O P L I D H F S O X U
V F T M O J O J K J J K L I
B D G H I P L E I H X F G S
K C P O X R Y F E X K B D H
M O N S C O D I N G X J H J
N M D V U G Y G H T G H D F
O P G P I R X J L T L L Q O
I I K S T A W K W X B G G X
M L M B X M Y L Q K X D W B
Q E T V G M G M G L H H E I
S R P V M I L N Y M X G B N
V B O P N N G O X P A K O A
W P L A N G U A G E J T X R
M N C B M H L O V A A R B Y
```

答案: PROGRAMMING（编程）; LANGUAGE（语言）; COMPILER（编译）; BINARY（二进制）; CODING（编码）。

哪一项不同?

以下哪个不是二进制数?

1010

00101   **101**   **111**

1110   **001**   **112**

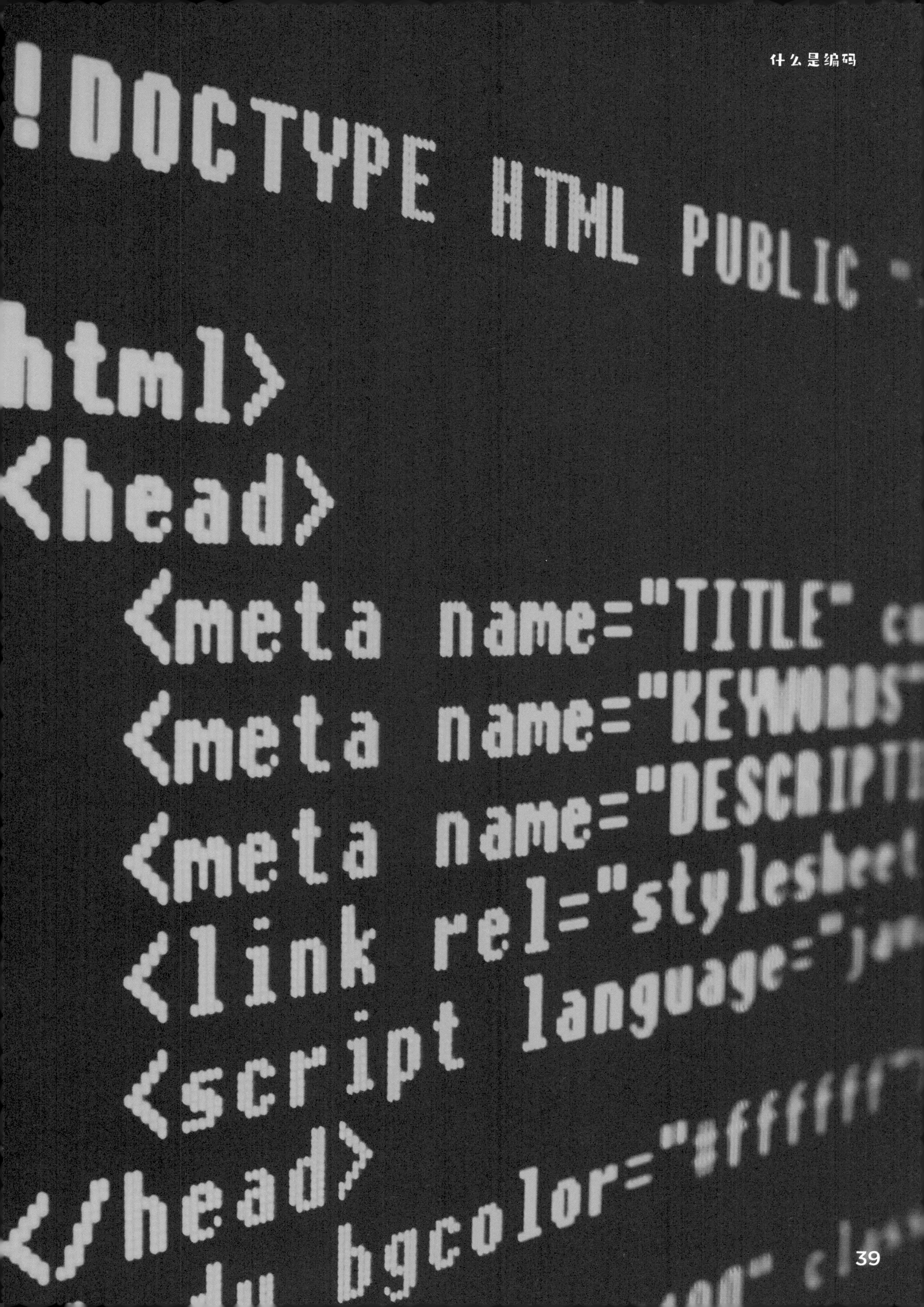

```
!DOCTYPE HTML PUBLIC -
html>
<head>
    <meta name="TITLE" co
    <meta name="KEYWORDS
    <meta name="DESCRIPTI
    <link rel="stylesheet
    <script language="jav
</head>
    by bgcolor="ffffff
```

计算机使用的语言

通用计算机语言是那些能够在计算机应用领域创建代码的语言。你可以像为机器人编程一样轻松地编写一个办公应用程序。这些语言包括世界上最流行的编程语言JavaScript，以及简单易学、深受初学者欢迎的Python。

早在19世纪，机器就能够运行程序了——只是在计算机出现之前我们没有这么称呼它。告诉自动钢琴按什么键来演奏歌曲的卷轴是一种程序，这类似于八音盒中旋转的表面有凸起的金属圆柱体。20世纪80年代的计算机都带有BASIC（Beginners' All-purpose Symbolic Instruction Code，初学者通用符号指令代码），这种创建了许多早期视频游戏的编程语言，通常也是当时的人们第一次接触计算机编程时使用的语言。BASIC以VB.NET的形式（微软Visual Basic的一个版本）一直保留至今。

从那时起，计算机及其语言变得更加复杂。现代计算机没有安装编程语言环境，但如果你对一种编程语言非常熟悉，那么可以直接在文本编辑器，比如记事本中输入代码，然后使用正确的扩展名（文件名中点后面的字母）保存文件。今天许多编程语言都有对应的集成开发环境，它能支持计算机程序编写的不同阶段——编码、编译和调试（找出代码无法正常工作的原因）。

如果你想学习编程，开始的时候最好是使用更简单易学的语言，例如Scratch（或ScratchJr）和Python。如果你想制作网站，那么可以考虑HTML和JavaScript。

下面哪一个不同？

哪一项不同

以下哪个不是编程语言？

Python

Anaconda

Swift

计算机语言

JavaScript

一种高级语言（更像英语），构成万维网的核心技术之一。超过97%的网站以某种方式使用它。

Python

一种高级通用语言，提供了各种各样的库，各种库使其能够适用于各种编程任务。

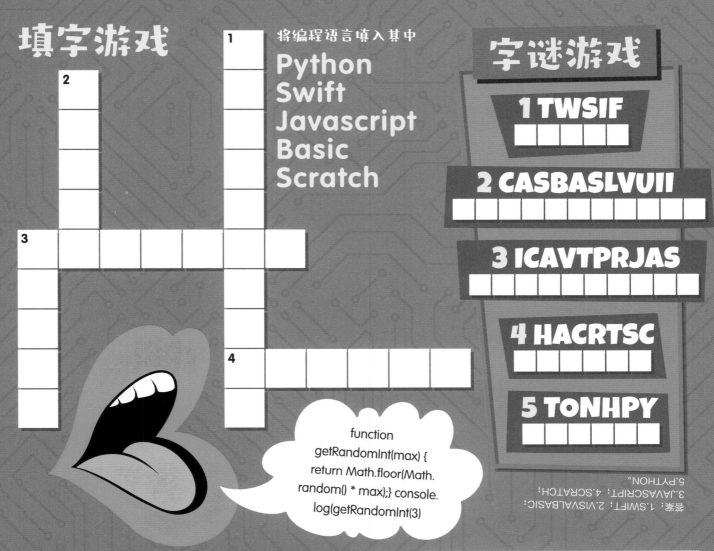

填字游戏

将编程语言填入其中

Python
Swift
Javascript
Basic
Scratch

1
2
3
4

```
function
getRandomInt(max) {
return Math.floor(Math.
random() * max);} console.
log(getRandomInt(3)
```

字谜游戏

1 TWSIF

2 CASBASLVUII

3 ICAVTPRJAS

4 HACRTSC

5 TONHPY

答案：1.SWIFT；2.VISVALBASIC；3.JAVASCRIPT；4.SCRATCH；5.PYTHON。

Swift

由苹果公司发明，用于为其平台（包括iPhone和iPad）编写应用程序的语言，Swift 运行起来高效快速，是一门伟大的语言。

```go
    "fmt"
    "io"
    "log"
    "net"
    "net/http"
    "os"
)

func main() {
    http.HandleFunc("/hello", func(w http.ResponseWriter, r *http.Request) {
        fmt.Fprint(w, "Hello, playground")
    })

    log.Println("Starting server...")
    l, err := net.Listen("tcp", "localhost:8080")
    if err != nil {
        log.Fatal(err)
    }
    go func() {
        log.Fatal(http.Serve(l, nil))
    }()

    log.Println("Sending request...")
    res, err := http.Get("http://localhost:8080/hello")
    if err != nil {
        log.Fatal(err)
    }

    log.Println("Reading response...")
    if _, err := io.Copy(os.Stdout, res.Body); err != nil {
```

Go

由谷歌设计，Go 的运行水平低于许多初学者语言（因此其语言风格不太像英语，较难阅读，但对计算机来说却更容易理解了）。

为什么编码很重要

如果我们不会编写代码，那么就无法对计算机进行编程。而如果我们不能做到这一点，那么我们的技术水平将停留在20世纪40年代。

今天许多不是计算机的东西——例如汽车的车身、商店里的食品包装、甚至这本书——都是用计算机设计的，而且计算机也管理着制造过程。如果是通过手工的方式完成现在用计算机自动化完成的工作，那么将大大降低世界运行的速度，同时购买的东西也会更贵。

没有计算机编程，就不会有万维网，也不会有通信方式的变革，这样你与在远方的亲人进行视频通话就不会像与邻居聊天一样容易。我们将无法去电影院看电影，也无法获得从新视野号或卡西尼号等航天器拍摄的冥王星和土星的照片。

虽然可以想象一个没有可编程计算机的世界——20世纪40年代也有汽车、飞机、电话、电视、电力和许多现代服饰——但数字革命带来的巨大进步让我们看到了自1947年晶体管发明以来，技术和生活质量的改进要比之前几个世纪的变化还大。

计算机编程影响我们生活的方方面面，使其成为21世纪最重要的学科之一。2020年，全球62%的人口在通过手机阅读，59%的人可以访问互联网——数十亿人受益于全世界计算机程序员的工作。

为什么编码很酷

网络开发

当你访问万维网时，看到和听到的一切都是计算机编程的产物。

电影

从拍摄、剪辑到后期制作的一切都是由计算机程序员提供的软件和专业知识以数字方式进行的。

制造生产

汽车和其他商品在庞大的工厂中由机器人组装在一起——这些机器人必须进行编程。

识别行星

计算机编程让我们看到了之前无法看到的太阳系，你知道这些都是哪个行星吗？

破解密码

如果 A=1，B=2，C=3，以此类推，那么以下数字表示什么意思？

23 15 18 12 4 23 9 4 5 23 5 2

_____

16 18 15 7 18 1 13 13 9 14 7

_____

19 15 6 20 23 1 18 5

_____

3 15 13 16 21 20 5 18 19

_____

ORLD

通信

如果没有计算机程序员，我们将无法这么容易地进行视频通话。

去度假

如果你乘坐过客机，那么就一定体验过自动驾驶仪，那是可以让计算机驾驶飞机的数千行代码。

玩具

许多玩具使用计算机编程的方式来让玩具看起来栩栩如生。

在家尝试的编码项目

开始自学编码是很容易的。有一些针对初学者的语言,你可以利用这些语言尝试许多项目。这里我们列出来了一些项目,使用的语言包括ScratchJr、Scratch和Python。这些语言都是免费的,但你需要一台计算机来运行它们,而ScratchJr环境仅作为iOS和Android应用程序提供。其Mac和PC版本尚未正式发布——你可以通过搜索引擎找到它。

Scratch语言针对的是完全零基础的初学者,它提供了很多可以直接使用的模块,比如图形和字母。不用太在意这些图形和字母的形式(如果你有自己的图形和字母,也可以用自己的),因为这是我们试图完成的脚本和动画的基础,并不是复杂的艺术创作。Python是一种更复杂的语言,但对于初学者来说仍然很容易上手——它是软件行业中专业的语言,因此掌握正确的基础知识很重要。

在完成这些项目的过程中一定要玩得开心——这些项目将帮助你了解通过编程都能做什么,并激励你学习更复杂的语言和项目。

Go

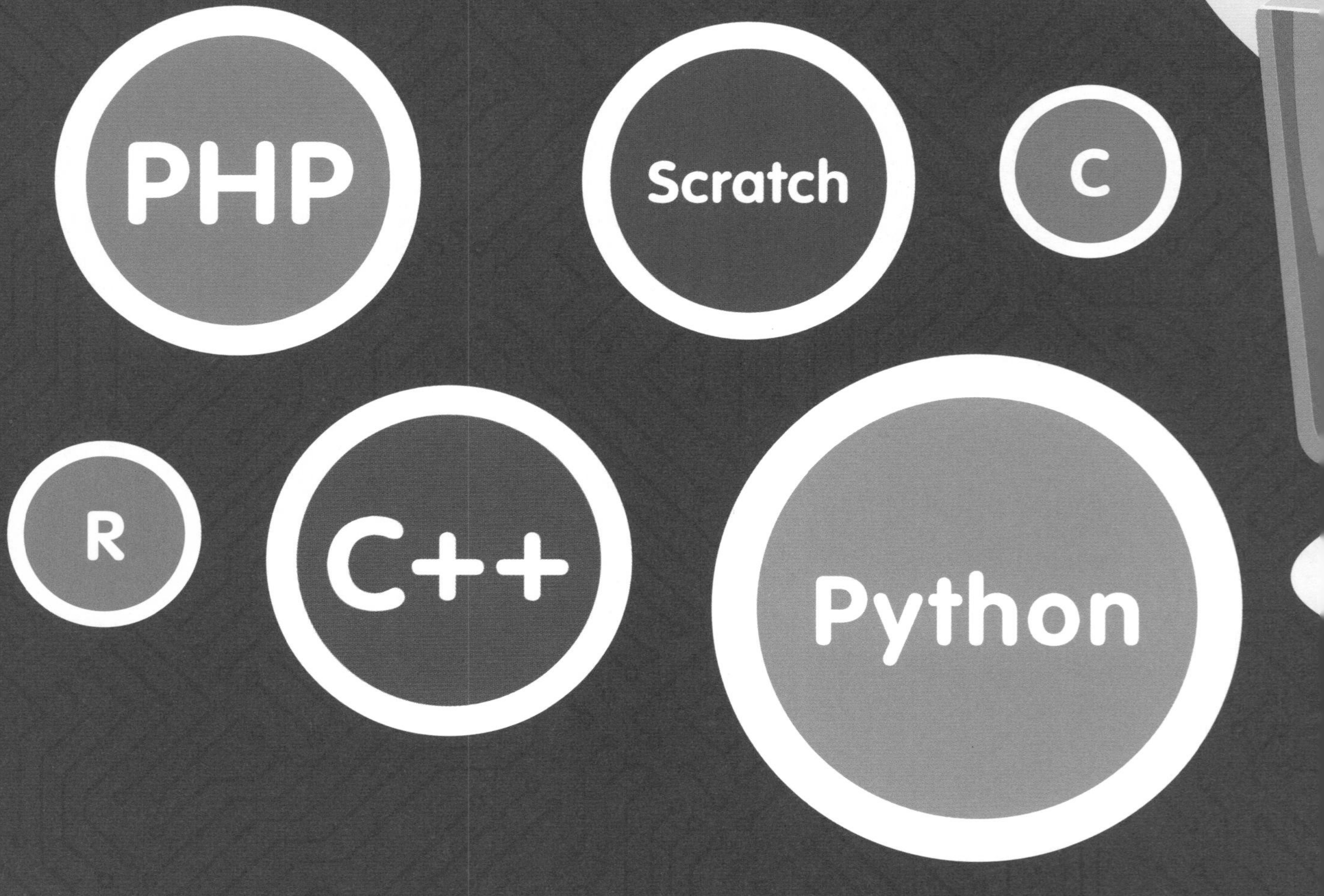

PHP

Scratch

C

R

C++

Python

获取编程语言

在Windows中获取Python

需要什么

• 一台Windows 10或Windows 11计算机

步骤

1. 打开微软应用商店

打开Windows 10或Windows 11开始菜单并输入"store",然后打开应用商店程序。搜索"Python",然后选择最新版本(撰写本文时为3.9版本)。软件是免费的。

2. 安装应用

按下蓝色的"获取"按钮安装该应用程序。你可能需要询问父母、监护人或拥有计算机的人以获取管理员密码。

3. 打开应用程序

完成Python安装后,你可以从"开始"菜单运行它。它最初将出现在"最近添加"部分中,或者也可以在按字母顺序排列的P部分下找到软件。

学到了什么?

你不仅可以通过这种方式安装Python,微软应用商店中还有很多其他用途的应用程序和游戏。在安装任何新应用之前,确保你获得了计算机所有者的许可,另外要注意并非应用商店中的所有应用都是免费的。

Python是一种应用广泛、免费、高级的编程语言,可用于编写程序。在开始之前,你应该查看本书中的"项目"部分,或者其他更专注于Python的部分,因为这个应用程序打开的时候是简单的输入提示形式。

46

在iPAD上获取 ScratchJr

需要什么
• 运行iPadOS 9.3或更高版本的iPad

步骤

1. 打开应用商店
找到应用商店的应用程序并将其打开。使用屏幕键盘在右下角的框中搜索ScratchJr。这个应用的图标是蓝色背景，上面有一个微笑的猫脸。

2. 获取应用程序
按下蓝色的"获取"按钮——你可能需要输入密码或刷脸，因此需要成年人来帮你。

3. 打开应用程序
在iPad的主屏幕上，或是在应用程序库中找到该应用程序的图标。用手指点一次即可将其打开。

学到了什么？
在iPad上安装应用程序就是这么简单。ScratchJr是一款非常有趣的编程语言。

ScratchJr是一种非常好用且免费的编程语言，适合完全零基础的初学者。你可以在相关网站上使用它，或者将其安装在平板电脑上。在开始安装应用程序之前，务必确保你获得了平板电脑所有者的许可。安装过程中可能需要提供密码，即使该应用程序是免费的。

ScratchJr是一款适用于平板电脑的应用程序，不过你可以在笔记本电脑或台式计算机的浏览器中使用完整的Scratch。两者的体验是完全相同的。

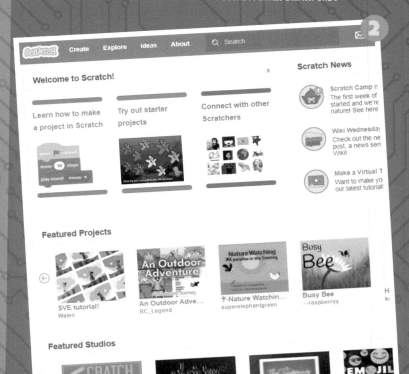

在浏览器中使用Scratch

需要什么
• 任意一种浏览器

步骤

1. 打开浏览器
网络浏览器是用于访问网站的应用程序。它们通常内置于计算机操作系统中，例如Microsoft Edge、Google Chrome以及适用于苹果电脑的Safari。

2. 打开网站
在搜索引擎中搜索"Scratch"。

3. 创建一个项目
单击网站顶部的"创建"，你将直接进入编辑器开始一个新项目。如果你还不熟悉该语言，请尝试单击"创意"以查找教程。如果能请成年人帮助你，还可以创建一个账户来保存你的作品。

学到了什么？
Scratch非常适合你开始编写自己的程序。有了它，你可以通过使用鼠标或触摸屏按顺序拖动相应的一些积木，然后结合自己创建的角色来创建动画和故事。这真的很容易，而且很有趣。

ScratchJr中的动画

ScratchJr中有很多素材，所以你不需要担心脚本（在ScratchJr和Scratch中，代码通常称为脚本）之外的任何事情。当你开始一个项目时，那只黄色的猫总是在那里，因此我们将使用它来制作动画。

让小猫移动

我们将完成一个最简单的脚本，实现的功能是让小猫向前移动，而且单击回家按钮时，小猫会回到原始位置。

步骤

1. 小猫和背景

使用图标"+"开始一个新项目。如果需要，可以使用顶部看起来像照片的图标来选择背景。

2. 添加块

积木是Scratch脚本的代码部分。选择一个黄色积木来实现一个触发事件，本例中的事件为单击小猫。

3. 让小猫前进

蓝色积木会移动角色。你可以通过更改积木中的数字来决定前进多远。我们选择了5。

4. 结束运动

名为"回家"的蓝色积木（按住能够查看积木的名字）会重置你的角色，让其回到原始位置。将红色块中的"无限循环"添加到循环中。单击小猫启动它，然后按顶部的红色六边形按钮停止。

学到了什么？

这是在ScratchJr中移动角色实现动画的基本方法。我们不但能让角色沿直线移动，也能让其转弯。

创建自定义的角色

ScratchJr中的任何内置的元素，都可以通过使用简单的触摸屏绘画程序进行自定义。你可以改变颜色、复制元素，甚至可以将你自己的照片整合到角色中。

步骤

1. 打开自定义角色

开始一个新项目，你会像往常一样看到一只小黄猫。然后在左侧，单击"cat"一词旁边的画笔进入编辑器。

2. 改变颜色

最简单的就是使用右边的填充工具来改变猫的颜色。选择一种新颜色，然后单击黄色区域，用新颜色填充黄色。

3. 自定义角色

在ScratchJr界面的左侧添加一个新角色，然后选择空白画布，再选择画笔。这样你就可以绘制自己的角色。在顶部为新角色起个名。

4. 动画

你的新角色可以像其他任何角色一样使用积木实现动画效果，因此很容易让其在屏幕上移动。

学到了什么？

创建自己的角色意味着你在使用ScratchJr创建完整故事的道路上又迈出了一步。还有很多工具可以尝试，大家可以自己试试。

Hello World

为ScratchJr项目添加字母以及更多的动作。

步骤

1. 太空空间
开始一个新项目，然后选择一个新背景。我们选择了太空空间。

2. 添加地球
从角色池中选择地球。我们要让它在屏幕上蹦蹦跳跳。

3. 添加文字
使用ABC图标添加文字，文字颜色设置为白色，这样在深色背景下文本显示得更明显。

4. 触发事件
选择绿旗触发事件，以便你可以随时启动它。

5. 蹦蹦跳跳
ScratchJr中的画布大约有25个单位宽，因此将地球移到左边，然后放置足够的动作积木将其移动到另一侧。

6. 完成
添加一个红色的结束积木，告诉地球在到达另一侧时停止移动。最后单击绿旗触发运动。

学到了什么?
添加文字意味着你可以讲述一个故事——字幕将使对话更容易理解，你还可以使用不同的颜色来代表不同角色在说话。

Hello world

更多ScratchJr 项目

旋转

还是使用iPad上的ScratchJr，我们将研究怎样用不同的方式来移动你的角色。

步骤

1. 开始设置

创建一个新项目，选择角色和背景。选择绿旗或单击作为触发事件。

2. 开始旋转

一圈被分成了12份，所以添加一个蓝色的向左转积木，把里面的数字改成12，这样就可以旋转一个完整的360°了。

3. 分解

如果将旋转的12份分成6组，每组两份，同时在两组之间加入其他动作，那么就能让你的角色在画布上旋转的时候移动。

学到了什么？

能够以直线以外的方式移动角色，可以更轻松地将它们移动到其他角色周围，尤其是当这些角色正等待被碰撞以触发其他的行为时。

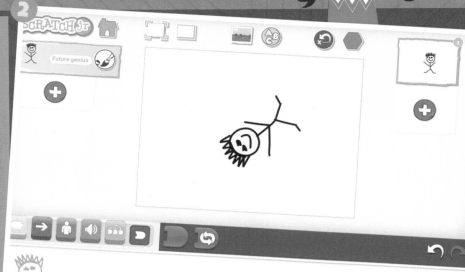

夜晚的碰撞

我们将在画布的夜间背景上添加一个巫师和一条龙，然后让巫师潜入龙的身后，并让龙跳起来。

步骤

1. 开始
创建一个新项目，然后选择你的角色和背景。选择绿旗或单击作为触发事件。

2. 偷偷摸摸
设置巫师的动作为向右走5个单位，然后回家。这样会让巫师接触到龙，然后马上跑回来。

3. 哎呀!
"碰到时开始"是一个黄色积木。使用它来启动龙的脚本，设置为当发生触碰就跳跃（蓝色积木）5个单位，然后结束。

学到了什么?
让角色相互碰撞是让它们互动的好方法。我们可以将跳跃变成发声，立刻就来试试吧。

发出声音

添加声音确实可以为你的故事增添趣味性。即使只是配合文字对话的字幕增加一些音效，也是增加趣味性的好方法。

步骤

1. 开始
创建一个新项目，然后选择一个角色和背景。选择绿旗或单击作为触发事件。

2. 录制声音
音效积木是绿色的。你所要做的只是一个简单的音效，不过通过单击话筒图标，你可以录制自己的声音。每个新录音都会变成一个积木，你可以将其拖入脚本中。

3. 回放
这些积木的行为与所有其他积木完全一样，因此你可以将它们插入脚本中，然后通过碰撞或敲击等事件触发。还可以将它们与运动相结合，让龙在画布上一边跑一边咆哮!

学到了什么?
为你的故事添加声音真的可以让它们变得更生动。如果你愿意，还可以让你的角色说话，把它当成音效也会非常有趣，这样就能在你的巫师念咒语的同时，让龙发出咆哮的声音。

Everybody was surfing

尝试更多ScratchJr项目

发送橙色消息

消息是一种触发事件，因此可以在黄色积木下面找到它。默认情况下，消息也是黄色的，这意味着收到消息会触发某些事件。不过，消息不一定都是黄色的——你可以发送多种颜色的消息，这只会影响那些"倾听"对应颜色消息的角色。让我们来看看。

步骤

1. 发送消息

我们已经设置了一个有两只猫的场景。红猫先走，单击后会在画布上走24个单位，然后发送消息并停止。

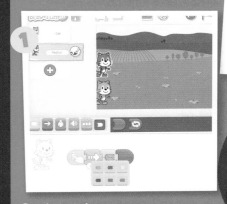

2. 接收消息

黄猫接收到消息触发移动——它也移动了24个单位并停止。在你再次单击红猫之前，黄猫是不会移动的。

3. 另一只猫？

消息会被画布上所有设置了该颜色消息触发的角色接收。我们新的蓝猫也会被红猫发送的消息触发，同样地移动24个单位。

学到了什么？

将发送消息作为触发器是ScratchJr工具集的一个非常强大的功能。这意味着你可以触发任何角色并对任何其他角色执行各种操作，而不必等待碰撞或单击发生。

多彩的消息

当画布上同时有3个或更多角色的时候，你可以向每个角色发送不同颜色的消息以在不同时间触发这些角色。目前，红猫用黄色消息触发黄猫，不过我们将更改黄猫的触发，使其由黄猫发送的蓝色消息触发。

步骤

1. 改变黄猫的积木

红猫不需要任何更改，因为它仍在触发黄猫移动。而黄猫需要一条新指令来发送一条蓝色消息，所以让我们将新指令添加进来。

2. 改变蓝猫的积木

蓝猫目前仍在接收黄色消息，因此我们需要将其更改为蓝色消息。单击并按住消息块以查看颜色选项。

3. 玩

单击红猫让它运动。看看信息的变化如何让猫在不同的时间移动。

学到了什么?

不同颜色的消息意味着你可以让角色接收特定消息，并且不会被颜色不一致的消息触发。ScratchJr中有6种颜色，因此最多可以在脚本中构建6个消息触发点。

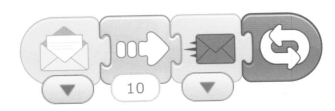

重复

ScratchJr有两种方法可以让你的角色重复它们的动作。第一种是使用称为"无限循环"的红色积木，这将让你的角色一遍又一遍地重复一整串动作。另一种是使用称为"循环"的橙色积木，它允许你设置重复的积木和它们重复的次数。注意，在ScratchJr中发送消息通常就像放置了一个结束积木——在消息积木之后没有其他积木。你需要按照这个原则来放置积木，让发送消息成为角色做的最后一件事。

步骤

1. 不停重复

红色的"无限循环"积木正是这样做的，它使你的角色重复相同的动作，直到脚本停止。你可以使用它来创建一个循环。

2. 重复多次

使用橙色"循环"积木意味着可以设置重复次数以及重复的积木。

3. 重复任何事情

这里不需要重复移动类的积木，当单击红猫时，这个脚本会发出4次音效，然后停止。

ScratchJr中的紫色积木

目前，我们还没有涉及ScratchJr中的紫色块。它们是一些功能最强大的积木，能够从根本上改变你的角色，让你讲述的故事真正生动起来。它们被称为"外观积木"，共有6个：说话、放大、缩小、重设大小、隐藏和显示。

以气泡的形式显示角色要说的话，这是漫画书中讲故事的主要形式，忘记声音和字幕吧，气泡是为你的ScratchJr故事添加语音信息的更佳选择。

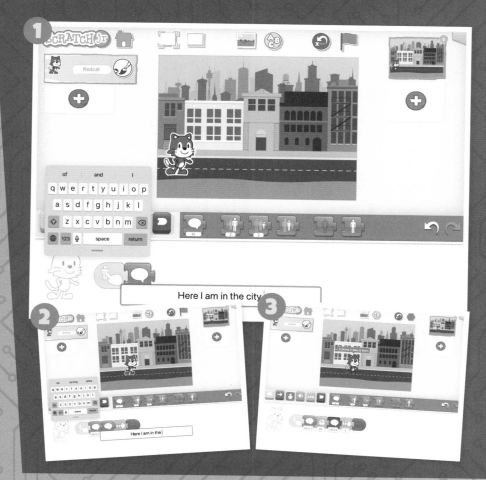

为你的故事添加语音信息气泡

步骤

1. 添加一个简单的气泡
从一个黄色的触发积木开始，然后添加一个紫色的积木"说话"。你需要在积木中输入你希望角色说的文字。

2. 不等待
气泡在消失前会显示4秒，所以注意控制文本的长度。如果添加内容完全相同的第二个"说"，那么显示的气泡将再延长4秒。

3. 等待
在角色的紫色积木"说话"之间放置一个橙色的"暂停"积木可以让大家更容易阅读。它们以十分之一秒为单位，所以10就表示1秒。

学到了什么？

以气泡的形式显示角色要说的话是一种非常好看的方式。重要的是不要在每个气泡中放入太多字，因为它们只会出现4秒，而观众需要时间来阅读，太多字会让人来不及看清。让气泡在每次变化前短暂等待也是一个好主意。

如何改变角色的大小

步骤

1. 让角色放大
你可以根据情况使用紫色积木"放大"来使角色放大。在积木中输入数字，然后将其放入脚本中。

2. 让角色变小
你应该也猜到了紫色积木"缩小"的功能。与"放大"一样，它缩小的系数由你在积木中输入的数字控制。

3. 变回原本的大小
要将角色变回原本的大小，就需要使用紫色积木"重设大小"。这里不需要输入任何数字——它只是让角色变回原来的大小。

学到了什么?

改变角色的大小不仅可以让你把一个角色变成一个在城市里横冲直撞的怪物，而且通过近大远小的方法还可以在平面上产生一定的3D效果。

让你的角色消失

步骤

1. 淡出
紫色积木"隐藏"能让角色消失。消失后的角色仍然可以四处走动并接收指令，但是无法被看到。

2. 出现
与"隐藏"相对的"显示"能使隐形角色恢复为完全可见。

3. 结合消息隐藏
使用隐藏的角色发送消息意味着你可以在没有明显触发点的情况下设置动作。

学到了什么?

显示和隐藏角色意味着你可以在观看者看不见的情况下移动它们，甚至可以使用它们向其他角色发送消息，在没有碰触其他角色的情况下触发脚本所编写的行为。

ScratchJr中的页面

我们一直在使用的画布不是唯一的。添加额外的页面意味着你可以在每个页面上使用不同的角色和场景，就像一本书一样。如果页面太多，还可以删除它们，同时还可以通过上下拖动来更改它们的顺序。

如何增加一个新页面

步骤

1. 添加一个页面

添加新页面很简单：单击界面右侧大的加号图标。

2. 删除页面

与删除角色执行的操作相同——按住页面直到它可以移动并显示红色的"×"，然后单击"×"。

3. 调整页面的顺序

点住一个页面，然后上下拖动它们来更改顺序。

学到了什么？

能够在ScratchJr中添加页面意味着你可以在更多画布上进行创作。但这只是开始——你还可以做更多的事情。

不要忘了你的代码积木！

移动你的角色

步骤

1. 变换页面

存在多个页面时，会添加新的红色积木，允许你跳转到新页面。

2. 绿旗脚本

当你转到新页面时，任何以绿旗作为起始的脚本都会触发。

3. 页面内移动

如果你设置一个角色离开页面的边缘，它是不会移动到另一个页面的，除非有特殊的红色积木。如果没有，角色将停留在页面的另一侧。

学到了什么？

移动到新页面会触发该页面上所有的绿旗脚本。在页面之间移动的唯一方法是使用红色积木，而不是从边缘离开页面。

认识界面

步骤

1. 界面上还有什么?

有几个按钮我们还没有涉及。让我们从左上
角奇怪的黄色形状开始:它可以让你更改项
目的名称,你的父母也可以共享这个项目。

2. 重设角色

"重设角色"按钮为蓝色,由一个箭头和一个
X组成,这个按钮可让你将角色恢复到正常大
小和原始位置。这不会影响你的脚本。

3. 网格模式

网格模式按钮位于画布上方的左侧。你可以
使用它来精确定位角色,或者计算将一个角
色移动到正确位置所需的步数。

学到了什么?

ScratchJr界面上布满了按钮,你可能需要一
点时间才能了解各种按钮都在哪。与其他语
言不同,ScratchJr会随时随地保存你的工作,
因此你不用担心保存的问题。

简单的Scratch 项目

接下来我们会学习使用Scratch 3.0。它与Scr-atchJr共享了许多概念，包括那只小猫，不过Scratch 3.0在各个方面都比ScratchJr强大。Scratch是一种基于积木的高级语言，主要用处是帮助新用户学习编程，不过如果你愿意，它的结果可以导出为Android应用程序或Windows的可执行文件。

Scratch得名于DJ的"搓碟"（scratching）操作，通过这种操作，黑胶唱片能创造出新的声音。Scratch由麻省理工学院的媒体实验室开发，拥有超过7400万用户。与ScratchJr一样，Scratch 3.0可用于Apple和Android，但也可用于Windows PC、Apple Mac，同时也可以在浏览器中运行。

Hello World

需要什么

• Scratch 3.0

步骤

1. 添加一些文字
Scratch 3.0包含比ScratchJr更多的角色造型，其中包括一些字母。通过单击左下角的"选择一个造型"来添加一个新造型，在这里选择"字母"，将你的信息拼出来。

2. 积木
Scratch 3.0的积木类似于ScratchJr的积木，但数量更多。每个字母都需要自己的脚本才能移动。幸运的是，你可以将脚本拖到造型上，实现将脚本添加到造型中的操作。

3. 运行
我们从绿旗"运行"按钮开始我们的脚本，所以可以简单地单击它来让脚本运行。

学到了什么？

到目前为止，你应该已经看到了Scratch 3.0与ScratchJr的不同之处。它们非常相似，但Scratch 3.0更强大——更多的积木、更多的触发事件、更多的造型。各个方面都更强了，这意味着你可以制作更复杂的故事。

通常，程序员在掌握新语言或为新硬件编程时编写的第一段代码就是用来简单地显示"Hello World"，这表明你已经掌握了该语言的基础知识。此时，如果你能让字母跳舞，那就更好了。

全面了解Scratch 3.0!

需要什么

• Scratch 3.0

步骤

1. 还有什么新内容?

Scratch 3.0的界面与ScratchJr的很相似,不过有一点不同。Scratch 3.0界面的顶部还包含了能够让我们访问在线教程的链接、用于加载和保存项目的文件菜单,以及用于恢复操作的编辑菜单。

2. 越来越小

默认情况下,界面的各个部分都比较小,例如背景区域。Scratch 3.0中有很多新的背景,包括一些照片,你也可以上传自己的背景。

3. 编辑

最后一个新东西是内置在主界面中的造型和背景编辑器。选择你要编辑的内容,然后可以为角色选择造型,或更改背景颜色等。

学到了什么?

Scratch 3.0比ScratchJr稍微复杂一些,不过上手还是很容易的。如果你喜欢在ScratchJr中绘画和创建角色,那么你肯定能够在这里做同样的事情。

造型

需要什么

• Scratch 3.0

步骤

1. 选择造型

选择一个角色造型,然后打开造型编辑器。通过选择"复制"来复制造型。然后以某种方式更改新造型,在提供的框中为其指定一个新名称。

2. 切换造型

现在可以在脚本中使用紫色的外观积木。当它的触发事件被满足时,造型会从一种外观变成另一种——这里是我们的字母L从黄色变成紫色。

3. 背景

在Scratch 3.0中,背景有自己的脚本,并且可以在触发时更改背景。你甚至可以随机选择一个背景。

学到了什么?

在Scratch 3.0中,你使用的角色造型有被称为"造型"的变化,你可以使用触发事件在不同造型之间切换。背景也是如此,你可以编辑或添加自己的背景。

Scratch 3.0项目

发送生日贺卡

有什么比用Scratch制作动画生日贺卡更好的呢？这需要一些操作——你需要准备4种背景——但它们都可以通过几个工具轻松实现。

步骤

1. 准备背景

你需要4种背景——卡片封面、卡片打开过程中的两张图和卡片打开后的一张图。这些都可以使用背景编辑器中的矩形、重塑和渐变（用于阴影）工具来制作。

2. 添加一些造型

Scratch 3.0中有一个漂亮的带蜡烛的生日蛋糕，加上一些文字，这样就可以装饰蛋糕的正面。当卡片打开时，你希望这些都消失，因此将其设置为当背景换成2时隐藏。

3. 打开卡片

4种背景对应卡片打开这一过程的4帧动画。一旦蛋糕说完"生日快乐"，我们就将发送消息来触发背景切换，切换间隔时间为1秒。

4. 卡片内

当背景2过去时，卡片正面的所有内容都要隐藏。卡片里面的消息一开始是隐藏的，当你进入背景4时才会显示出来。消息是一个新的造型，可以使用文本工具编写消息。

5. 重置？

Scratch 3.0没有重置工具。像Java Script和C这样专门的语言也没有重置工具。要想让所有的内容变为初始的样子，你需要使用移动和隐藏/显示积木，也许还需要使用单击触发器。

学到了什么？

如果你习惯了ScratchJr的重设按钮，那么Scratch 3.0中缺少这个功能可能会让你很不习惯。但这可以通过脚本来解决。这张生日贺卡利用背景切换来制作卡片打开的动画，并通过显示和隐藏造型来切换内容，触发条件包括查看和背景状态。

改变造型的颜色

步骤

1. 创建一个新的造型
Scratch 3.0的造型编辑器有很多功能。你可以在此处创建角色或消息，也可以使用称为"造型"的不同外观版本。

2. 还是那只猫
Scratch的吉祥物小猫再次出现在这里。我们将创造一些新的造型，改变它的颜色。

3. 先复制
如果你想保留原来的外观版本，记得在开始编辑之前复制它，否则将会覆盖原来的造型。

学到了什么?

在Scratch 3.0中更改造型的颜色及创建新角色都很容易。随着你能力的提升，可以开始绘制自己的角色。画一个没有腿的角色，然后复制它，你就可以通过绘制腿处于不同位置的造型来实现走路的效果。

创建走路的帧

步骤

1. 行走动画
黄猫的不同造型当中腿的位置也不同，所以我们可以结合造型运动和造型变化制作一个简单的动画。

2. 准备背景
运动积木需要与外观积木交替出现。我们可以使用"下一个造型"，因为小猫只有两个造型，然后将运动积木和外观积木放在一个叫作"重复执行"的积木中。

3. 慢下来
造型可能会在画布上飞速前进——你可以在变换造型后添加一个"等待1秒"积木来减慢造型的速度，注意"等待1秒"积木也要放在"重复执行"的积木中。

学到了什么?

两帧的行走动画就足以让观看者感觉到运动的效果，主要的问题是角色移动的速度——等待积木是必不可少的，除非是在制作冲刺动画。

更多的Scratch 3.0项目

Scratch中更多的动画

触发与造型和运动积木相结合的事件意味着我们可以创建动画，但也可以通过扭曲造型的大小和形状达到类似的效果。

需要什么
- 一些想象力

步骤

1. 创建一些文本

用字母造型写下你或其他人的名字，并为它们选择背景。我们将单独扭曲它们，因此触发事件选择"当角色被点击"。

2. 紫色积木

外观积木是实现这种效果的秘诀，当然还有"重复执行"。查看"将……特效设定为"积木中的下拉菜单，这里我们选择"漩涡"。

3. 颜色

为字母造型制作不同颜色的多种造型，然后设置为在单击时换成某造型。"等待"积木在这里非常有用。

4. 滑行

滑行积木类似于移动积木，但滑行积木可以移动到随机位置。这会给你的场景增加难以预料的混乱程度。

5. 造型外的颜色

更改颜色的一种更简单的方法是使用"将颜色特效增加"积木。用这个积木与"重复执行"相结合，可以帮你循环变换多种颜色，而无须为每种颜色准备造型。

学到了什么？

在这里，我们已经看到在Scratch 3.0中有时有多种实现某一效果的方法。滑行和移动听起来一样，但可能完全不同。同样，"下一个造型"和"将颜色特效增加"听起来不同，却可以达到相同的效果。

制作你自己的重置按钮

步骤

1. 自制重置按钮
如果你没有在脚本中使用绿旗，为什么不利用Scratch的功能将多个脚本附加到一个对象，然后将其变成一个重置按钮呢？

2. 第二个脚本
在现有的窗口中启动一个新脚本。选择一个"当绿旗被点击"事件作为开始，然后编写一个脚本将造型移回到原始位置。

3. 暂时修改一个脚本
如果你的造型有一个"当角色被点击"的触发事件，那么你可能会发现当你将其放回原始位置的时候，造型又会移开。要阻止这种情况，你需要暂时将"当角色被点击"的触发事件所执行的积木与触发条件断开。

学到了什么？
Scratch缺少重置按钮使其与大多数其他语言保持一致——只有ScratchJr中有重设按钮。利用将多个脚本附加到一个对象的功能，我们制作了自己的脚本，并能使用不同的事件来触发它们。

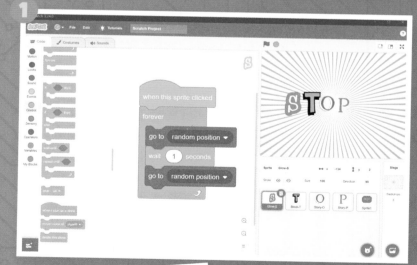

如何停止脚本运行

步骤

1. 停止一切
有时一个脚本，尤其是有重复的脚本，会一直运行下去。以下是在不用红色六边形按钮的情况下停止它的方法。

2. 停止按钮
在造型编辑器中创建一个停止按钮——它可以是任意大小。增加一段脚本，这意味着当你按下空格键时，将发送消息1。

3. 添加停止代码
更新页面上的所有其他脚本，当收到消息1时执行"停止全部脚本"积木。

学到了什么？
能够停止你的脚本在测试中非常有用。你的停止按钮大部分时间都可以隐藏——它不能单击，虽然它不碍事。不过将其连接到键盘触发事件之后，隐藏起来也是有效的。

尝试更多的Scratch 3.0项目

使用方向键移动角色

如果脚本正确，我们通过计算机键盘上的方向键（这对于无法使用外部键盘的平板电脑用户来说可能有点麻烦）可以移动角色。这可能是在自制游戏中实现可控角色的第一步。

步骤

1. 事件触发

使用黄色的事件积木"当空格键被按下"，然后将其中的"空格"换成上方向键。

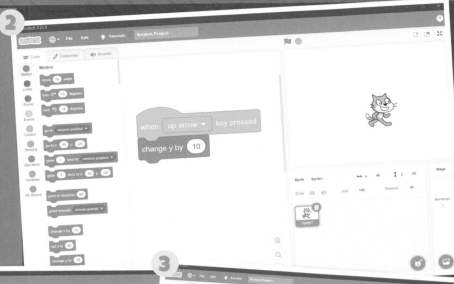

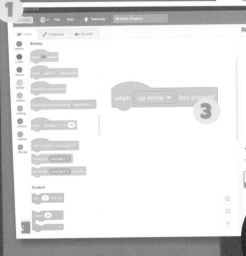

2. 运动积木

从运动积木（蓝色）中选择"将y坐标增加"，输入10，然后将其添加到脚本中。

3. 重复3次

重复这个脚本3次，分别实现的功能是：当下方向键被按下时y坐标增加−10；当左方向键被按下时x坐标增加−10；当右方向键被按下时x坐标增加10。

学到了什么?

使用这些脚本，你就可以通过方向键控制你的角色在屏幕上移动。将10改为更大的数字能够让角色移动得更快，或者将数字改小让角色移动得慢一些。

侦测积木

侦测积木非常智能，因为它们允许你编写一个仅在侦测积木感应到条件满足时才会触发的事件。比如碰到了鼠标指针或其他造型、按键被按下或是计时器计时结束。

步骤

1. 放个苹果
创建一个新的造型，我们将编写脚本以侦测它是否碰到了小猫。这里选择了一个苹果。

2. 侦测积木
为苹果编写一个脚本，让它随机移动并侦测它是否碰到了猫——记住限制苹果移动的次数，否则代码将会永远运行。

3. 游戏？
我们已经编写了一个随机移动苹果的循环代码。将它与能通过方向键控制的猫结合起来，你就完成了一个最简单的游戏。

学到了什么？
在你的脚本中加入侦测碰撞的代码——本质上是侦测造型之间的碰撞，这非常实用。所有的游戏都是依靠侦测碰撞来决定要发生什么的，以及判断玩家是否应该得分。

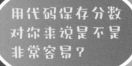

用代码保存分数对你来说是不是非常容易？

保存分数

如果你要制作游戏一类的作品，那么保存分数可能是必不可少的——从不同角色接触的次数，到它们捡起的苹果的数量。

步骤

1. 变量
滚动找到称为"变量"的深橙色积木，然后在"建立一个变量"的框中输入"Score"。

2. 变量块
在脚本开始的地方添加一个新的"设置Score的值为0"的积木，然后将计分添加到上一个项目中创建的循环中。

3. 计分
在"变量"列表中"Score"项前面打钩，这样分数将显示在"接苹果"游戏的画布上。

学到了什么？
我们把一只可用键盘控制的猫、一个随机移动的苹果放在一起，条件是如果猫碰到苹果，就会得到一分。这个游戏基本上就成型了！

跟着音乐跳舞

Scratch 3.0 中的音乐

与ScratchJr相比，在Scratch 3.0中你能通过音乐和声音实现很多功能。在界面中有一个专门的"声音"编辑器，从中你可以选择喜欢的歌曲和声音，并将其添加到项目中。这些音乐能够通过粉色的积木融入脚本和循环中。

步骤

1. 角色和背景

添加角色和背景，为舞会做好准备。选一个拥有许多不同造型的角色是一个好主意，例如 Cassy Dance 或 Ballerina。

2. 粉色积木

一旦你选择了一首曲子，它就会出现在声音积木的下拉菜单中。

3. 造型的声音

你可以将不同的声音与添加的每个造型相关联——诀窍是改变触发事件，这样它们就不会同时发出声音了。

学到了什么?

可以在"声音"编辑器中选择声音并与当前处于活动状态的任何造型相关联。Scratch 3.0 中有大量的声音，你不仅可以编辑它们，使它们的持续时间与你预想的一样长，还可以录制自己的声音。

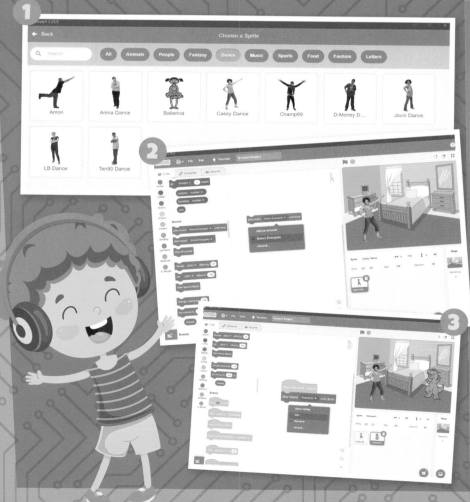

将声音与造型结合

一旦播放了音乐，你就会情不自禁地跳舞。一些角色的造型是舞蹈动作的循环，因此让我们来看看它们是如何舞动的。

步骤

1. 舞蹈动作

可以使用"下一个造型"积木实现舞蹈动作之间的切换，不过你还需要在其间放一个等待积木，以免角色的动作太快。

2. 开始音乐

有两个积木可以启动音乐："播放声音"（Start Sound）和"播放声音……等待播完"（Play Sound）。"播放声音"是开始播放后立即执行下一个积木，但"播放声音……等待播完"会等到声音播放完之后才执行下一个积木。

3. 音量变化

还有一些积木可以改变角色发出的声音的音量和音调。你可以按照百分比来设置音量，也可以通过增减来改变音量。

学到了什么？

音乐和声音效果可以像运动或造型变化一样触发。你还可以处理内置的声音，或录制自己的声音。

管弦乐队

内置于 Scratch 的乐器造型能够发出对应乐器的声音。你能将它们组合在一起演奏出你熟悉的曲调吗？

步骤

1. 寻找乐器

在造型菜单中的"音乐"子项下，你会找到很多乐器。这些乐器对于大多数摇滚乐或一些很酷的爵士乐都足够用了。不过没有贝斯。你能用音调积木做一个吗？

2. 一个完整的八度

每个乐器都有8个音符，这是一个完整的八度音程，应该足够你完成一段曲调。

3. "小星星"

你能尝试演奏《小星星》吗？

学到了什么？

尽管只有一个八度（你可以使用音调积木进一步调整），但乐器的音乐积木中有足够的音符帮你完成常见的曲调。如果你会弹钢琴或演奏其他乐器，那么在 Scratch 中也一定没问题。

玩转Scratch扩展功能

为Scratch 3.0 添加扩展

扩展是额外的积木，可以将你的Scratch项目连接到外部硬件，例如BBC micro:bit或LEGO Mindstorms。它们还增强了Scratch本身的功能，因此这里我们将通过添加音乐扩展来增强Scratch的音乐功能。

需要什么

- 计算机或平板电脑
- 一些想象力
- 耳机

步骤

1. 找到扩展

扩展位于Scratch窗口的左下角，是个蓝色按钮。单击它就会看到可用的功能。

2. 音乐

单击"音乐"，然后就会返回Scratch主窗口，在那里你会看到一堆新的积木。

3. 基本鼓点

放置一个触发积木，然后在其下方添加4个击打小军鼓的积木，每个积木持续一个节拍。

学到了什么?

现在你知道如何将扩展功能添加到Scratch当中了。如果你使用的是树莓派，那么你将看到特殊的扩展功能，这些功能将允许你使用树莓派的硬件接口（例如GPIO引脚、HAT扩展板及LED这样的简单电子元器件）。

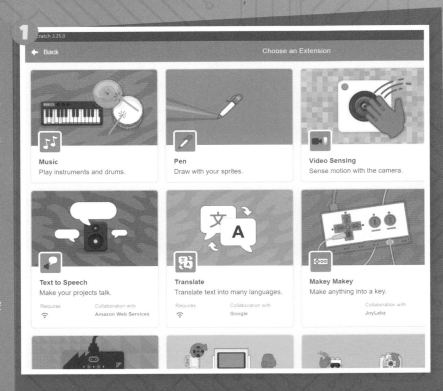

去网上下载Scratch做项目吧!

更多的音乐

现在有了音乐的扩展功能，你就可以播放出比之前更多的声音。在上一个简单鼓点的基础上，我们可以完成一些更复杂的音乐。

步骤

1. 节拍

音乐积木使用数字符号表示节拍。每个击鼓的积木表示击鼓一次，其持续时间由数字设置：1表示完整的一个节拍，0.25表示四分之一拍。

2. 乐器

添加"将乐器设为……"积木，你可以从21种不同的乐器声音中进行选择。

3. 音符

这些乐器演奏的音符从低音的C（0）到高音的降B（130）。注意虽然显示了音符131和132，但无法选择。你还可以在此处设置音符的持续时间。

学到了什么？

音乐积木增加了完成一些复杂音乐的功能，如果你能理解音符编号和节拍长度这套系统，或者如果你学过一种乐器，那么这些内容就会很容易。如果没有，通过一些实践也能够很快掌握。

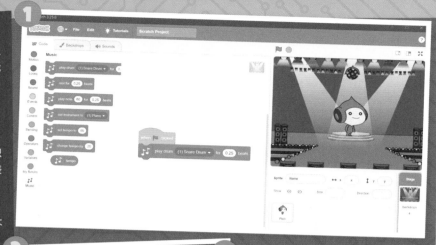

和弦及其他

如果在Scratch中的音乐制作已经超越了单一乐器的曲调，那么你可以考虑开始添加和弦。在和弦中会有3个或3个以上的音符一起演奏，我们会同时听到这些声音。要做到这一点，请确保你的所有乐器都以相同的速度演奏，这一点非常重要。

步骤

1. C大调

和弦不需要多个造型。相反，需要用相同的触发事件启动多个脚本。C大调和弦包含了C、E和G。

2. F和G

我们要把它变成一个12小节的蓝调。这意味着你还需要F和弦（F、A、C）和G大调和弦（G、B、D、F#）。采用添加C大调和弦相同的方式添加它们。

3. 12小节蓝调结构

你的结构应该是CCCC、FFCC、GGCC。对于G大调，你需要第四列带有休止符的积木，直到再次需要发声。

学到了什么？

你不仅可以在Scratch中添加和弦，还可以演奏蓝调。你可以为这些基本的和弦添加一条低音线，还可以在上面加上一段小号的独奏。尝试改变乐器的音量以获得真正乐队的感觉，不要忘记还有打击乐。

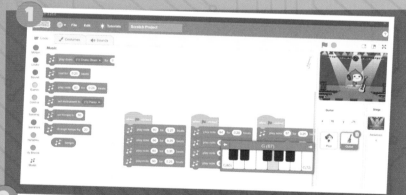

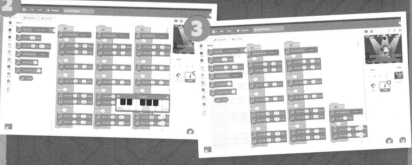

在Scratch中涂鸦和绘制图形

使用画笔积木

在扩展中找到画笔积木并添加到Scratch中。这个功能会将你的角色当作一支能够设置为任何颜色的画笔，画笔能在纸上抬起或放下，同时还能改变粗细。有两种方法可以使用画笔——跟随角色移动，或跟随鼠标指针。

需要什么

- Scratch 3.0
- 想象力

步骤

1. 设置
使用本书前面的脚本，让角色跟着鼠标指针移动。然后我们添加扩展的画笔。

2. 脚本
使用方向键控制脚本，添加额外的积木，以便你可以控制抬笔或落笔。

3. 跟随鼠标
将积木"移到鼠标指针"放入循环中，这样当画笔放下的时候，你就可以通过鼠标画图了。不过可能目前你需要的是停止画图的方法。

学到了什么？

现在你可以在Scratch中徒手画图了，或者使用方向键绘制完美的直线。停止画图可能是一个问题，尤其是当画笔绑定在鼠标指针上的时候，应该事先制作一个能停止所有脚本运行的按键，另外还要为积木"全部擦除"设置一个快捷键。

彩色画笔

这里，我们将制作一支在你画图时会改变颜色的画笔。你可以使用"重复执行"不断改变颜色，或者将不同的颜色绑定到作为快捷键的不同按键上。

步骤

1. 彩虹
为了保证颜色的变化，在循环中添加"将笔的颜色增加10"的积木，并将其添加到造型的脚本中。

2. 快捷键
使用事件触发的方式来设定将画笔变为特定颜色的按键。

3. 厚度
你可以用同样的方式来改变画笔的粗细。

学到了什么？

如果你只能绘制一条细的蓝线，那么画画就少了许多乐趣。使用这里的脚本，你可以用彩虹色进行绘制，更改画笔的粗细，并从包含数百万颜色的调色板中选择一种颜色。

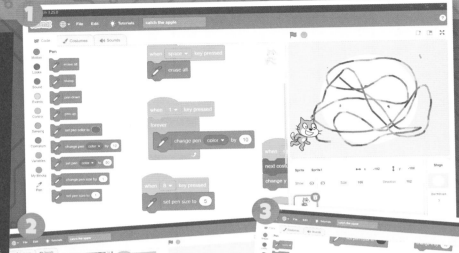

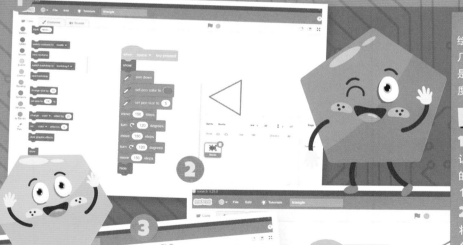

绘制图形

绘画不必是徒手的。你还可以使用脚本绘制几何图形——请记住，旋转积木使用的参数是外角，因此如果等边三角形的内角是60度，那么就需要将画笔旋转120度。

步骤

1. 三角形
让我们从简单的开始。几何图形是线长和角的组合，因此我们要编写一个脚本来绘制长150、外角为120度的线。

2. 六边形
将边数增加到6个（使用重复积木），而旋转角度需要减少到60度。

3. 角度
外角大小的计算公式为：外角角度＝（360÷边数）。

制作自己的Scratch造型

在Scratch中绘图

Scratch 中的造型系统比 ScratchJr 的要复杂得多，绘画工具也是如此。你可以创建一个角色，然后复制它以制作更多造型，或者可以导入你在别处绘制的造型。

需要什么

- 计算机或平板电脑
- Scratch 3.0
- 绘画或图像编辑应用程序

步骤

1. 造型编辑器

Scratch 3.0 中的造型编辑器位于"造型"选项卡中。你可以编辑现有造型，或是创建自己的造型。

2. 造型

复制一个造型，你可以创建一个新的造型。注意吸管工具，它允许你从造型的任何位置拾取颜色。

3. 变形

变形是最有用的工具之一，它允许你选择多边形或椭圆，然后拉伸图形的边缘，使其成为完全不同的形状。

学到了什么？

在 Scratch 中制作自己的造型是一种有趣的体验，你可能永远不需要使用外部应用程序。与 Photoshop Elements 之类的工具相比，目前的这些工具可能很简单，但在制作卡通画方面，绝大多数需求是能做到的。

利用照片制作造型

一些内置造型比其他造型更像照片。我们可以通过摄像头拍摄一些某个人不同姿势的照片，然后将它们用作造型。

步骤

1. 导入你的照片
创建一个新的造型，然后从弹出菜单中选择上传造型。选择要添加的文件。

2. 编辑照片
使用橡皮擦工具删除造型的背景，以及任何你不想保留的部分。你也可以在另一个应用程序中执行此操作。

3. 插入脚本
为你的新造型命名，然后返回到代码窗口。你的新造型将能够互动、改变造型，做任何其他造型可以做的事情。

学到了什么?

能够制作自己的造型后，就可以更轻松地在Scratch中让你的创作更有原创性。可以在Scratch中绘制自己的作品，或者在另一个应用程序中创建并上传它，也可以专门为你的项目拍摄照片。

导出和共享造型

最终，你将创建出一个非常合适的造型，它需要在项目之间甚至创作者之间共享。你可以使用导出功能执行此操作，该功能会创建一个文件，而这个文件可以导入其他Scratch项目，或是通过电子邮件发送，再或者通过网络共享。

步骤

1. 导出
导出的操作很简单，用鼠标右键单击要导出的造型，然后选择"导出"。

2. 保存文件
弹出一个窗口。给你的文件起个名，确认一下文件保存的位置。"文档"文件夹是个好地方。

3. 导入保存的造型
保存的造型文件总是以".sprite3"结尾。当你想导入一个造型时，记下你保存它的位置，然后使用造型库菜单中的"上传"来进行导入。

在Scratch 3.0中 制作弹球游戏

弹球游戏

多年来，这款游戏有很多的名字，例如Breakout或Arkanoid。不过，接下来将制作的版本是最好的，因为这是你自己制作的。

需要什么

• Scratch 3.0

步骤

1. 拍子

在屏幕的底部是一个矩形的"拍子"。制作一个新造型，并编写脚本实现能通过方向键控制其左右移动。

2. 球

这是另一个新造型——它可以就是一个简单的圆圈，或者你可以让其有一点3D效果。再或者，可以从造型库中选择一个。

3. 球的行为

我们希望球在碰到画布的两侧时反弹。注意我们使用的绿色运算符积木。

4. 从拍子上弹起

游戏的重点是要让球从拍子上弹起，所以添加一些积木来实现这个功能。

学到了什么？

你已经编写了一个在屏幕上弹跳的球，这个球在底部碰到拍子时会弹起。尝试给球和拍子设置不同的移动速度，使拍子更容易或更难碰到球。

判断游戏结束

弹球游戏的要点是，如果你的球从底部飞出，那么你就会失去一条命。我们可以通过在屏幕底部放置一个长条的造型来实现这一点，每次当球碰到底部的造型时，代表生命数变量的值就会减1，直到生命数变为0。

步骤

1. 新造型
画一条黑色的细长的线——不要太细，否则你将无法移动它——造型的名字为"bottom"。

2. 变量
创建一个名为Lives的变量的值，并在球的脚本中设定变量的初始值为3，然后，每次当球碰到"bottom"时，变量值减1。

3. 游戏结束
当你的生命数为0时，向隐藏的字母造型发送消息以显示"GAME OVER"。

学到了什么？

这个操作将我们之前介绍的"消息"和"变量"联系了起来。一旦失败3次，游戏就会停止并显示游戏结束的消息。

赢了！

其他弹球游戏中，还存在一些你的球能击打的砖块，所以我们也来添加一些！以创建造型并复制的形式添加砖块，然后使用变量来计算击中的数量。如果分数达到10，则会显示消息"You Win"。

步骤

1. 砖块
制作一个矩形造型，然后添加一个脚本，脚本内容为当它碰到球的时候隐藏，然后在score（变量）的值达到10的时候发送消息在屏幕上显示"You Win"。

2. 复制
复制砖块10次。附加的脚本也要复制。

3. 赢了的消息
这个内容开始是隐藏的，不过在score的值达到10并收到消息2时会显示。

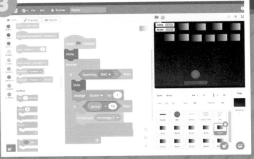

在Scratch中如何克隆

克隆

在上一个项目中，我们复制了一个造型10次。这样做还会复制与造型相关联的脚本，不过我们可以更改脚本让每个砖块的行为都不同。另一方面，如果使用克隆，则会创建大量由同一脚本控制的造型。你可以在项目中充分利用克隆的这个特点。

步骤

1. 小处着手

从一个简单的造型开始，先将它缩小，因为我们需要显得空间大一些。使用画笔中的"全部擦除"积木开始创建脚本。

2. 克隆

克隆积木在控制分类中。使用重复执行创建多个克隆——它们现在都出现在同一个地方。创建一个名为"Clone"的新变量来跟踪它们。

3. 克隆规则

从控制分类中选择一个"当作为克隆体启动时"作为一段新脚本的开头。这里屏幕截图中的脚本创建了一个简单的由克隆体组成的环。

学到了什么？

现在，我们已经看到了克隆与复制的区别，以及如何编写脚本来制作图案。重要的是，你只需编写一个脚本即可创建和控制大量克隆体。

继续克隆

我们已经掌握了克隆的窍门，现在可以尝试
让这些克隆体移动。另外我们还将尝试使用
图章积木，它会让造型在画布上留下印记。

步骤

1. 图章
图章是画笔扩展中的一个积木。将其与运动
和颜色变化组合成一个循环能实现图中的
效果。

2. 更多动作
添加更多动作的选项，色彩斑斓的鹦鹉将
会填满整个画布。

3. 新造型
添加第二个造型。要将脚本从一个造型复
制到另一个造型，你只需用鼠标拖动它。

学到了什么？

能够给造型留下印记意味着你可以制作各
种图案。通常，最简单的造型才能创造出
最好的图案，尤其是当它们一直在改变颜
色时。

更多的克隆

制作重复的图案并不是你可以用克隆实现的
全部。使用克隆来生成气球可以制作一个有
趣的游戏，你可以在倒计时结束之前尝试弹
出尽可能多的气球。

步骤

1. 气球！
为气球造型制作一个造型以显示它正在爆炸，
而另一个造型写上"Winner！"

2. 点、点、点
创建一个脚本在背景上的随机位置生成气球
的克隆体。

3. 你赢了
单击它们使它们爆炸。在得分达到10之后，
游戏结束，你赢了。

学到了什么？

这个方法很简单，但是很有效。克隆体在屏
幕上移动并在被单击时爆炸。你可以增加不
能单击的危险气球来增加趣味性，使用"运
算符"分类中的随机数来决定哪些是不能点
的气球——这需要你自定义造型。

在树莓派上安装Python

在终端中安装

终端对于我们在树莓派上使用Python至关重要。安装语言环境后，你可以直接在终端中编程，也可以使用桌面集成开发环境（integrated development environment，IDE），比如Thonny。 如果没有树莓派，在Windows和macOS上使用Python也是一样的，而对于macOS来说你可能需要先在应用商店中安装Xcode。所以只需在网络上搜索正确的版本即可（可能会是一个安装文件）。IDE可能会有所不同（"官方"IDE称为IDLE，或者可以使用微软的Visual Studio Code），但代码是一样的。

需要什么

- 树莓派
- 网络

步骤

1. 安装

打开终端并输入"sudo apt install python3 -y"。下载一段时间后，就可以在你的树莓派上安装Python 3了。

2. 要下载THONNY吗?

检查树莓派菜单的Programming（编程）部分有没有Thonny——它应该是标准配置，如果没有的话，在终端中输入："sudo apt install python3-thonny"。

3. 打开THONNY

只需在Raspberry/Programming菜单中单击Thonny，就会打开一个空白窗口。

学到了什么?

在树莓派上安装应用程序需要询问包管理器APT。你需要知道应用程序的名称，并且需要使用"sudo"（superuser do）命令，因为这个操作正在对你的计算机进行更改。

78

Python第一步

当面对一种新语言时，所有计算机程序员都会做的一件事是什么呢？当然是显示"Hello World"！这一传统至少可以追溯到1978年，当时它被写进一本关于C语言的书中，如果再往前可以进一步追溯到1974年贝尔实验室的备忘录，甚至可以追溯到1967年影响了C的BCPL语言。

步骤

1. Hello World!
直接在Thonny的主窗口中输入代码："print（"Hello World"）"。

2. 保存
如果你没有保存代码，Thonny是不会让你运行程序的，所以要么单击"保存"图标，要么单击绿色的"运行"按钮。为你的脚本命名，它将另存为.py文件。

3. 运行
如果还没有运行，请按绿色的"运行"按钮。你将在Thonny的底部窗口中看到代码的文本输出。

学到了什么？

你刚刚写了一个计算机程序。当然，括号和引号内的文本可以更改为你想写的任何内容。虽然这只有一行，但我们确信我们可以做得更好。

更多代码

Python使用缩进的形式——即每行开头的间隔——将代码组合在一起。没有字符就表示一行的结束，就像某些语言一样——只需按回车键即可。但是，如果由于行太长而需要拆分行，那么可以使用反斜杠"\"。而如果要在一行中包含多个语句，可以用分号";"将它们分隔开。

步骤

1. 简单的加法
这有一些代码："y=5; x=7; print（x+y）"。我们用分号分隔语句以使其全部放在一行。在Thonny中，你可以将其写成3行，如屏幕截图所示。

2. 缩进
如果我们有不只一段实现某个功能的代码，那么缩进就会发挥作用。了解这些是理解Python的关键。

3. 输入缩进
缩进就是每一行之前的一些空格。往右距离相同的所有连续行都是同一段代码的一部分。

学到了什么？

Python中的缩进是必不可少的。在其他语言中，它是为了让代码更清晰，但对于Python来说，它是语法规则的一部分。

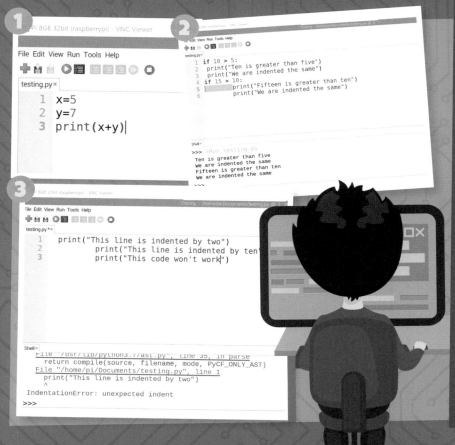

获取输入

两个数相加

这是一个简单的程序: 让用户输入两个数字, 然后将它们相加。实践中, 这意味着要使用之前用于显示"hello world"的print()函数, 再结合用于读取输入内容的input()函数。我们在Windows的Visual Studio Code中执行此操作, 不过它也可以在macOS或Linux上运行。

需要什么

• 一台Windows、macOS或Linux计算机
• Python IDE, 例如Visual Studio Code或Thonny

步骤

1. 获取输入

这是要求输入两个数字的代码。请注意第二行中的反斜杠——这是一个转义字符, 用于阻止单引号被识别为字符串的结束。

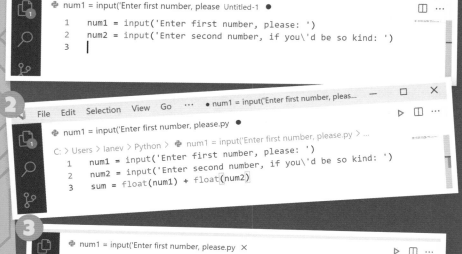

2. 让数字相加

将"num1"与"num2"的和赋值给"sum"。"float"是告诉脚本将输入视为小数, 以防有人输入12.3或16.8。我们用"int"表示整数。

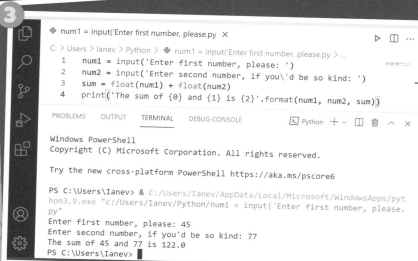

3. 输出

第4行看起来很复杂。它在{}大括号中定义了一个集合, 然后用列表格式化了它们, 这是告诉Python将哪些数字放在哪个位置。

学到了什么?

这是一个比"hello world"更复杂的程序, 因为它需要用户输入内容, 然后对输入的内容求和。如果想更改输出, 可以将"+"换为"−""*"或"/", 同时将第4行中的"sum"更换为"difference""product"或"quotient"。

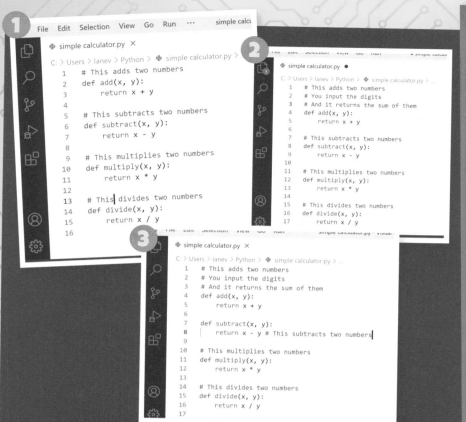

```
File   Edit   Selection   View   Go   Run   ...          simple calcul

⬢ simple calculator.py   ✕
C: > Users > lanev > Python > ⬢ simple calculator.py >
  1    # This adds two numbers
  2    def add(x, y):
  3        return x + y
  4
  5    # This subtracts two numbers
  6    def subtract(x, y):
  7        return x - y
  8
  9    # This multiplies two numbers
 10    def multiply(x, y):
 11        return x * y
 12
 13    # This divides two numbers
 14    def divide(x, y):
 15        return x / y
 16
```

```
⬢ simple calculator.py ●
C: > Users > lanev > Python > ⬢ simple calculator.py >
  1    # This adds two numbers
  2    # You input the digits
  3    # And it returns the sum of them
  4    def add(x, y):
  5        return x + y
  6
  7    # This subtracts two numbers
  8    def subtract(x, y):
  9        return x - y
 10
 11    # This multiplies two numbers
 12    def multiply(x, y):
 13        return x * y
 14
 15    # This divides two numbers
 16    def divide(x, y):
 17        return x / y
```

```
⬢ simple calculator.py
C: > Users > lanev > Python > ⬢ simple calculator.py >
  1    # This adds two numbers
  2    # You input the digits
  3    # And it returns the sum of them
  4    def add(x, y):
  5        return x + y
  6
  7    def subtract(x, y):
  8        return x - y # This subtracts two numbers
  9
 10    # This multiplies two numbers
 11    def multiply(x, y):
 12        return x * y
 13
 14    # This divides two numbers
 15    def divide(x, y):
 16        return x / y
 17
```

注释

在代码中使用注释，可以描述你正在做的事情，还可以给整段代码起个名字，而这是不会影响程序执行的，因为注释会被计算机忽略。在Python中，注释使用的符号为#。

需要什么
- 一台Windows、macOS或Linux计算机
- Python IDE，例如Visual Studio Code或Thonny

步骤

1. 简单的注释

这是一个计算器示例程序代码开头的一部分。你可以看到注释是绿色的，每行注释都以#开头。

2. 多行注释

注释不必限于一行，只要以#开头的都是注释。

3. 行尾注释

你可以在行尾添加注释，一旦遇到符号#，Python编译环境就会忽略它。

学到了什么？

注释是提醒自己代码实现哪些功能的好方法，同时也能帮助其他正在阅读代码的人搞清楚代码的作用。

简单的计算器

这是简单计算器程序示例代码的其余部分。它与手机上的应用程序不一样，你需要先选择进行什么运算。

需要什么
- 一台Windows、macOS或Linux计算机
- Python IDE，例如Visual Studio Code或Thonny

步骤

1. 选择

先选择想要执行什么运算——加法、减法、乘法或除法。然后输入两个数字。

2. elif结构

elif意味着如果条件为真，其中的代码对应的指令才会被执行，代码对应的指令获取第一步中的输入并将不同的运算操作应用于两个数字。

3. 运行程序

单击界面顶部的播放按钮运行程序。在Visual Studio代码环境中是在终端窗口中运行。

学到了什么？

这个程序从用户那里获取两个输入，"num1"和"num2"，然后判断先前选择并存储在名为"choice"中的变量值，不同的值执行不同的运算。感谢"elif"，有了它，你才能够根据输入的不同而选择不同的运算操作。

```
⬢ simple calculator.py   ✕                                              ▷  ▯  ...
C: > Users > lanev > Python > ⬢ simple calculator.py >
 18    print("Select operation.")
 19    print("1.Add")
 20    print("2.Subtract")
 21    print("3.Multiply")
 22    print("4.Divide")
 23
 24    while True:
 25        # Take input from the user
 26        choice = input("Enter choice(1/2/3/4): ")
 27
 28        # Check if choice is one of the four options
 29        if choice in ('1', '2', '3', '4'):
 30            num1 = float(input("Enter first number: "))
 31            num2 = float(input("Enter second number: "))
 32
 33            if choice == '1':
 34                print(num1, "+", num2, "=", add(num1, num2))
```

```
simple calculator.py ✕
C: > Users > lanev > Python > ⬢ simple calculator.py >
 33            if choice == '1':
 34                print(num1, "+", num2, "=", add(num1, num2))
 35
 36            elif choice == '2':
 37                print(num1, "-", num2, "=", subtract(num1, num2))
 38
 39            elif choice == '3':
 40                print(num1, "*", num2, "=", multiply(num1, num2))
 41
 42            elif choice == '4':
 43                print(num1, "/", num2, "=", divide(num1, num2))
 44            break
 45        else:
 46            print("Invalid Input")
```

```
PROBLEMS   OUTPUT   TERMINAL   DEBUG CONSOLE

Windows PowerShell
Copyright (C) Microsoft Corporation. All rights reserved.

Try the new cross-platform PowerShell https://aka.ms/pscore6

PS C:\Users\lanev> & C:/Users/lanev/AppData/Local/Microsoft/WindowsApp
ython3.9.exe "c:/Users/lanev/Python/simple calculator.py"
Select operation.
1.Add
2.Subtract
3.Multiply
4.Divide
Enter choice(1/2/3/4): 3
Enter first number: 234
Enter second number: 467
234.0 * 467.0 = 109278.0
PS C:\Users\lanev>
```

Python中更多的数学运算

平方根

如果你在数学课上还没有遇到过平方根，可以在这里先了解一下。一个数的平方就是这个数乘以它自己，比如3×3=9。而9的平方根就是把这个过程反过来，计算得到的数为±3。当你要学习大学水平的数学时，平方根会变得非常重要，不过现在你只要知道它们的存在就足够了。

可以用你的代码算出平方根吗？

需要什么

- 一台Windows、macOS或Linux计算机
- Python IDE，例如Visual Studio Code或Thonny

步骤

1. 输入

你可以编写代码要求用户输入数字，不过这里为了能够尽快地展示结果，我们将直接计算14的平方根。当然，你可以将其改为你喜欢的任何值。

2. 指数

用于计算平方根的运算符是指数运算符"**"，后面跟1个参数，在本例中为0.5。

3. 输出

运行脚本，在没有输入任何数字的情况下，你就能够得到14的平方根。

学到了什么?

指数运算可用于计算各种数据的幂和根，具体取决于后面参与计算的数字——如果将0.5变为0.33则表示计算立方根，或者10表示10次幂。

1

🐍 Square root.py ●

```
C: > Users > Ianev > Python > 🐍 Square root.py > ...
1    #square root calculator
2    num = 14
3
```

2

🐍 Square root.py ●

```
C: > Users > Ianev > Python > 🐍 Square root.py > ...
1    # square root calculator
2    num = 14
3    # here's the exponent
4    num_sqrt = num ** 0.5
5    # here's the output line
6    print('The square root of %0.3f is %0.3f'%(num ,num_sqrt))
```

3

```
PROBLEMS    OUTPUT    TERMINAL    DEBUG CONSOLE              Python  + ∨ □ 🗑 ∨ ×

Windows PowerShell
Copyright (C) Microsoft Corporation. All rights reserved.

Try the new cross-platform PowerShell https://aka.ms/pscore6

PS C:\Users\Ianev> & C:/Users/Ianev/AppData/Local/Microsoft/WindowsApps/pyt
hon3.9.exe "c:/Users/Ianev/Python/Square root.py"
The square root of 14.000 is 3.742
PS C:\Users\Ianev>
```

导入模块

Python导入和使用模块的功能是其强大和成功的关键。模块就像代码库，它让语言能够完成更多的操作。这里，我们将再次计算平方根，不过这一次，我们会先导入一个模块，然后使用模块中的sqrt命令。

步骤

1. 导入
你需要知道要使用模块的名称，因此要事先做一些研究。我们将要使用的模块叫作 "cmath"。如你所见，Visual Studio Code会自动提示模块名称。

2. 输入数字
这里我们用float()来接收用户的输入，然后调用cmath中的sqrt函数来处理它。

3. 输出
cmath模块可以处理复数，但我们只是给它提供了一个浮点数，所以答案以 "+0.000j" 结束。这里计算的结果显示3464的平方根是58.856。

学到了什么?

导入模块能够让我们使用Python内置标准集之外的工具。网络上有大量模块，并且还在一直创建更多的模块。

1

Square root 2.py 1 ●

C : > Users > Ianev > Python > Square root 2.py
```
1   This imports the complex math module
2   import cma
        {} cmath
        {} compileall
        {} _compat_pickle
```

2

Square root 2.py ●

C : > Users > Ianev > Python > Square root 2.py > ...
```
1   # This imports the complex math module
2   import cmath
3   # Type in a number...
4   num = float(input('Enter a number: '))
5   # Do the maths...
6   num_sqrt = cmath.sqrt(num)
7   print('The square root of {0} is {1:0.3f}+{2:0.3f}j'.\
8       format(num ,num_sqrt.real,num_sqrt.imag))
```

3
```
Windows PowerShell
Copyright (C) Microsoft Corporation. All rights reserved.

Try the new cross-platform PowerShell https://aka.ms/pscore6

PS C:\Users\Ianev> & C:/Users/Ianev/AppData/Local/Microsoft/WindowsApps/pyt
hon3.9.exe "c:/Users/Ianev/Python/Square root 2.py"
Enter a number: 3464
The square root of 3464.0 is 58.856+0.000j
PS C:\Users\Ianev>
```

将千米转换为英里

这是一个非常有用的程序，当你与使用英制单位的国家的人打交道时（基本上除英国和美国，世界上其他地方使用的都是国际单位制单位）能够用得上。幸运的是，你可以使用一个简单的转换因子来编程。这是基础数学，因此不需要模块。

步骤

1. 距离
要求用户输入他们想要转换的距离，距离以千米为单位。将其存储为变量。

2. 转换
要获得以英里为单位的数字，那么就将千米数乘以0.621371（1千米 ≈ 0.621371英里）。因此，在程序中写入这个数字。这里注意我们是如何使用反斜杠将一条较长的代码分成两行的。

3. 最终结果
输出看起来很像你期望的那样。因为我们要求输入为float()，所以你会在输出中得到一个小数结果。

1

C : > Users > Ianev > Python > km to miles.py > ...
```
1   # Take input from the user
2   km = float(input("Enter distance in kilometers: "))
```

km to miles.py ×

C : > Users > Ianev > Python > km to miles.py > ...
```
1   # Take input from the user
2   km = float(input("Enter distance in kilometers: "))
3   # conversion factor
4   conv_fac = 0.621371
5   # calculate miles
6   miles = km * conv_fac
7   print('%0.2f kilometers is equal to %0.2f miles' \
8       %(km ,miles))
```

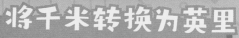

3
```
PS C:\Users\Ianev> & C:/Users/Ianev/AppData/Local/Microsoft/WindowsApps/pyt
hon3.9.exe "c:/Users/Ianev/Python/km to miles.py"
Enter distance in kilometers: 66
66.00 kilometers is equal to 41.01 miles
PS C:\Users\Ianev>
```

40 km/h

在Python中尝试更多的数学运算

是闰年吗？

这是一个从计算机刚出现的时代开始就一直困扰着计算机科学家的问题。闰年会导致整数溢出，即日期移动到计算机无法处理的范围——有时，2月29日会在代码处理的范围之外——而2000年到来时则可能会导致各种问题，因为计算机遇到'00'年有时可能会认为是1900年。某一年是否是闰年有一个公式，不过这个公式比四年一闰稍复杂一点，所以最好检查一下。

需要什么

- 一台Windows、macOS或Linux计算机
- Python IDE，例如 Visual Studio Code 或 Thonny

步骤

1. 获取输入

这里不需要小数，所以我们在请求用户输入时使用了int( )。

2. 是闰年吗?

闰年可以被4整除，但以00结尾的年份除外。如果00结尾的年能被400整除，则又是闰年，因此我们需要一些"if"语句。

3. 输出

无论你输入什么年份，它都会被包含了"if"和"else"语句所对应指令的程序所处理，且接受除法运算以判断是否为闰年。

学到了什么?

这里的代码使用"if"和"else"对一个数字进行了一系列数学测试，目的就是看看它是否能被4或400整除。

1 🐍 leap year.py ●

```
C: > Users > Ianev > Python > 🐍 leap year.py > ...
1     year = int(input("Enter a year: "))
2
```

2 🐍 leap year.py ×

```
C: > Users > Ianev > Python > 🐍 leap year.py > ...
1     year = int(input("Enter a year: "))
2     # Is it a leap year?
3     if (year % 4) == 0:
4         if (year % 100) == 0:
5             if (year % 400) == 0:
6                 print("{0} is a leap year".format(year))
7             else:
8                 print("{0} is not a leap year".format(year))
9         else:
10            print("{0} is a leap year".format(year))
11    else:
12        print("{0} is not a leap year".format(year))
```

3

PROBLEMS   OUTPUT   **TERMINAL**   DEBUG CONSOLE   ⊵ Python + ∨ ⊟ 🗑 ∨ ×

```
Windows PowerShell
Copyright (C) Microsoft Corporation. All rights reserved.

Try the new cross-platform PowerShell https://aka.ms/pscore6

PS C:\Users\Ianev> & C:/Users/Ianev/AppData/Local/Microsoft/WindowsApps/pyt
hon3.9.exe "c:/Users/Ianev/Python/leap year.py"
Enter a year: 1996
1996 is a leap year
PS C:\Users\Ianev>
```

这个数能被另一个数整除吗？

这是运用除法的另一段代码，不过除数不限于4或400。这里使用了一个函数，它是一组执行特定任务的相关语句。没有名称的函数在Python中称为"lambda"函数，这就是其中之一。

步骤

1. 从列表开始
这些都是你要检查其整除性的数字。我们将它们存储在"num_list"中。它们是什么并不重要。

2. 函数
这实际上是两个函数："filter"会丢弃被"lambda"发现的不能被13（或是你选择的任何数字）整除的数字。

3. 结果
事实证明，我们的列表中只有一个数字可以被13整除。用不同的数字再试一次以获得不同的结果。

学到了什么？
这是对函数非常基本的介绍。这些代码仅在被调用时运行，它们可以内置于语言环境或模块当中，或者直接在代码本身中定义。lambda函数在其他函数中运行良好，就像我们对filter所做的那样，这里将lambda的功能定义为判断列表中每个数字是不是能被13整除。

```
divisibility.py
C: > Users > Ianev > Python > divisibility.py > [∅] num_list
1    num_list = [12, 44, 64, 224, 130, 345, 6,]
2
```

```
divisibility.py ●
C: > Users > Ianev > Python > divisibility.py > ...
1    num_list = [12, 44, 64, 224, 130, 345, 6,]
2    # Lambda function
3    result = list(filter(lambda x: (x % 13 == 0), num_list))
4    # Display results
5    print("Numbers divisible by 13 are",result)
```

```
divisibility.py
C: > Users > Ianev > Python > divisibility.py > ...
1    num_list = [12, 44, 64, 224, 130, 345, 6,]
2    # Lambda function
3    result = list(filter(lambda x: (x % 13 == 0), num_list))
4    # Display results
5    print("Numbers divisible by 13 are", result)

PROBLEMS  OUTPUT  TERMINAL  DEBUG CONSOLE

Windows PowerShell
Copyright (C) Microsoft Corporation. All rights reserved.

Try the new cross-platform PowerShell

PS C:\Users\Ianev> & C:/Users/Ianev/AppData/Local/Microsoft/WindowsApps/python3.9.exe c:/Users/Ianev/Python/divisibility.py
Numbers divisible by 13 are [130]
PS C:\Users\Ianev>
```

显示日历

这段代码将显示你输入的月份和年份所对应的日历。这里将使用一个模块来简化程序。

步骤

1. 导入模块
我们正在使用的模块称为"calendar"，使用它会让一切变得非常简单。

2. 月份和年份
我们将设置在代码中使用的月份和年份。如果需要，你可以使用int()函数编写代码来获取用户的输入。

3. 显示
这里显示的是1979年2月的日历，不过你可以改变设置以显示任何你喜欢的年月。

学到了什么？
这里我们调用并使用了一个模块，这个模块为我们提供了足够的信息来完成项目的功能。每次你在在线日历或电子日记应用程序中切换月份时都会进行类似的调用。

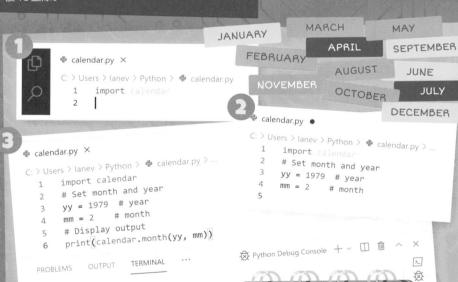

JANUARY FEBRUARY MARCH APRIL MAY JUNE JULY AUGUST SEPTEMBER OCTOBER NOVEMBER DECEMBER

```
calendar.py
C: > Users > Ianev > Python > calendar.py
1    import calendar
2
```

```
calendar.py ●
C: > Users > Ianev > Python > calendar.py > ...
1    import calendar
2    # Set month and year
3    yy = 1979  # year
4    mm = 2     # month
5
```

```
calendar.py
C: > Users > Ianev > Python > calendar.py > ...
1    import calendar
2    # Set month and year
3    yy = 1979  # year
4    mm = 2     # month
5    # Display output
6    print(calendar.month(yy, mm))

PROBLEMS  OUTPUT  TERMINAL  ...

ndar.py'
    February 1979
Mo Tu We Th Fr Sa Su
             1  2  3
 5  6  7  8  9 10 11
12 13 14 15 16 17 18
19 20 21 22 23 24 25
26 27 28

PS C:\Users\Ianev\Python>
```

游戏编程：剪刀、石头、布

欢乐时光

剪刀、石头、布是一种简单的游戏，其中两名玩家在3个对象之间进行选择，然后根据3个对象循环相克的规则决定最后谁赢，除非两个玩家选择相同，否则总有一个人获胜。这么说是不是听起来比较复杂。

需要什么

- 一台 Windows、macOS 或 Linux 计算机
- Python IDE，例如 Visual Studio Code 或 Thonny

步骤

1. 准备
我们将再次使用 random 模块，不过这次会从只有3个选项的列表中选择，我们定义这个列表为"play"。

2. 计算机先选
随机数设置在0到2之间，因为计算机是从0（Rock）开始计数的。

3. 输入
用户的输入会与计算机随机的选择进行比较。这里没有策略，没有试图读懂对手的意图；完全是随机的。

学到了什么?

请记住，Python 是区分大小写的，因此如果用户没用 [shift] 键将第一个字母大写的话，程序将会出错。你也可以在代码中全部采用小写字母来解决这个问题。

1

```
🐍 rock paper.py  ✕

C: > Users > Ianev > Python > 🐍 rock paper.py > ...
1     from random import randint
2
3     #create a list of play options
4     play = ["Rock", "Paper", "Scissors"]
5
6     #assign a random play to the computer
7     computer = play[randint(0,2)]
8
9     #set player to False
10    player = False
11
12    while player == False:
13    #set player to True
14        player = input("Rock, Paper, Scissors?")
15        if player == computer:
16            print("Tie!")
17        elif player == "Rock":
18            if computer == "Paper":
```

2

```
🐍 rock paper.py  ✕

C: > Users > Ianev > Python > 🐍 rock paper.py > [∅] computer
1     from random import randint
2
3     #create a list of play options
4     play = ["Rock", "Paper", "Scissors"]
5
6     #assign a random play to the computer
7     computer = play[randint(0,2)]
8
9     #set player to False
10    player = False
11
12    while player == False:
13    #set player to True
14        player = input("Rock, Paper, Scissors?")
15        if player == computer:
16            print("Tie!")
17        elif player == "Rock":
18            if computer == "Paper":
19                print("You lose!",      "covers"
```

3

```
rock paper.py  ✕

C: > Users > Ianev > Python > 🐍 rock paper.py > ...
13    #set player to True
14        player = input("Rock, Paper, Scissors?")
15        if player == computer:
16            print("Tie!")
17        elif player == "Rock":
18            if computer == "Paper":
19                print("You lose!", computer, "covers", player)
20            else:
21                print("You win!", player, "breaks", computer)
22        elif player == "Paper":
23            if computer == "Scissors":
24                print("You lose!", computer, "cut", player)
25            else:
26                print("You win!", player, "covers", computer)
27        elif player == "Scissors":
28            if computer == "Rock":
29                print("You lose...", computer, "breaks", player)
30            else:
```

脚本输出

现在我们进入程序的输出阶段，代码会将用户的输入与自己的选择进行比较，然后根据比较结果输出特定的信息。

步骤

1. 输、赢或平局

通常的规则是，石头赢剪刀，剪刀赢布，而布赢石头。可以自己选择合适的形容词来描述胜利的过程。

2. 拼写检查

如果用户拼错了剪刀或忘了大写字母，你需要输出一行错误信息。

3. 输出

这是正在运行的脚本。这个游戏会一直循环，直到你觉得无聊为止。也许可以添加"退出"命令。

学到了什么？

这个游戏有一个更复杂的版本涉及5个选项——石头、布、剪刀、蜥蜴（Lizard）、史波克（Spock）。你能扩展你的代码和规则来包含两个额外的选项吗？

1
```
rock paper.py ×
C: > Users > Ianev > Python > 🐍 rock paper.py > ...
17      elif player == "Rock":
18          if computer == "Paper":
19              print("You lose!", computer, "covers", player)
20          else:
21              print("You win!", player, "breaks", computer)
22      elif player == "Paper":
23          if computer == "Scissors":
24              print("You lose!", computer, "cut", player)
25          else:
26              print("You win!", player, "covers", computer)
27      elif player == "Scissors":
28          if computer == "Rock":
29              print("You lose...", computer, "breaks", player)
30          else:
31              print("You win!", player, "cut", computer)
32      else:
33          print("That's not a valid play. Check your spelling!")
34      #player was set to True, but we want it to be False so the loop con
```

2
```
rock paper.py ×
C: > Users > Ianev > Python > 🐍 rock paper.py > ...
22      elif player == "Paper":
23          if computer == "Scissors":
24              print("You lose!", computer, "cut", player)
25          else:
26              print("You win!", player, "covers", computer)
27      elif player == "Scissors":
28          if computer == "Rock":
29              print("You lose...", computer, "breaks", player)
30          else:
31              print("You win!", player, "cut", computer)
32      else:
33          print("That's not a valid play. Check your spelling!")
34      #player was set to True, but we want it to be False so the loop con
35      player = False
36      computer = play(randint(0,2))
```

3
```
Windows PowerShell
Copyright (C) Microsoft Corporation. All rights reserved.

Try the new cross-platform PowerShell https://aka.ms/pscore6

PS C:\Users\Ianev> & C:/Users/Ianev/AppData/Local/Microsoft/WindowsApps/Python3.9.ex
e "C:/Users/Ianev/Python/rock paper.py"
Rock, Paper, Scissors?Rock
You win! Rock smashes Scissors
Rock, Paper, Scissors?Rock
Tie!
Rock, Paper, Scissors?Paper
You lose! Paper covers Rock
Rock, Paper, Scissors?paper
That's not a valid play. Check your spelling!
Rock, Paper, Scissors?
```

随机密码生成器

设置一个强密码是打击黑客和其他网络犯罪分子的良好开端。你还可以采取其他步骤——例如在服务中激活重认证——不过一个好的密码可以为你打下坚实的基础。该程序会生成一个8位字符的密码，不过你可以根据自己的喜好继续添加代码来设置密码。

步骤

1. 再次使用 random 模块

这个模块能完成很多工作。这里，我们使用它来打乱字符并从列表中选择它们。

2. 字符

我们的列表是标准的 ASCII 字符列表。数字代表该列表中的一个范围。

3. 你的密码

一旦生成了字符，它们就会被打乱以产生一个随机包含大小写字母和数字字符的字符串。

学到了什么？

你可以将任何字母和符号集成到你的密码中，不过我们建议只使用那些不需要通过组合键来输入的字母和符号。另外，坚持按一次 [shift] 键。

1
```
word.py ×
C: > Users > Ianev > Python > 🐍 password.py > 🔄 shuffle
1    import random
2
3    #Shuffle all the characters
4    def shuffle(string):
5        tempList = list(string)
6        random.shuffle(tempList)
7        return ''.join(tempList)
8
9    #Password generator
10   uppercaseLetter1=chr(random.randint(65,90))
11   uppercaseLetter2=chr(random.randint(65,90))
12   lowercaseLetter1=chr(random.randint(65,90))
13   lowercaseLetter2=chr(random.randint(97,122))
14   lowercaseLetter3=chr(random.randint(97,122))
15   lowercaseLetter4=chr(random.randint(97,122))
16   number1=chr(random.randint(48,57))
17   number2=chr(random.randint(48,57))
18   # if you need a symbol, try 33,38
```

2
```
password.py ×
C: > Users > Ianev > Python > 🐍 password.py > 🔄 shuffle
9    #Password generator
10   uppercaseLetter1=chr(random.randint(65,90))
11   uppercaseLetter2=chr(random.randint(65,90))
12   lowercaseLetter1=chr(random.randint(65,90))
13   lowercaseLetter2=chr(random.randint(97,122))
14   lowercaseLetter3=chr(random.randint(97,122))
15   lowercaseLetter4=chr(random.randint(97,122))
16   number1=chr(random.randint(48,57))
17   number2=chr(random.randint(48,57))
18   # if you need a symbol, try 33,38
19
20   #Generate password using all the characters, in
21   password = uppercaseLetter1 + uppercaseLetter2 \
22       + lowercaseLetter2 + lowercaseLetter3 + low \
23       + number1 + number2
24   password = shuffle(password)
25
26   #Ouput
```

3
```
password.py ×
C: > Users > Ianev > Python > 🐍 password.py > ...
13   lowercaseLetter2=chr(random.randint(97,122))
14   lowercaseLetter3=chr(random.randint(97,122))
15   lowercaseLetter4=chr(random.randint(97,122))
16   number1=chr(random.randint(48,57))
17   number2=chr(random.randint(48,57))
18   # if you need a symbol, try 33,38
19
20   #Generate password using all the characters, in random order
21   password = uppercaseLetter1 + uppercaseLetter2 + lowercaseLetter1 \
22       + lowercaseLetter2 + lowercaseLetter3 + lowercaseLetter4 \
23           + number1 + number2
24   password = shuffle(password)
25
26   #Ouput
27   print(password)
```

尝试更多游戏编程

猜数字

这次，计算机会想到一个数字，然后你来猜，计算机会告诉你所猜的数字是对还是错。

需要什么

- 一台 Windows、macOS 或 Linux 计算机
- Python IDE，例如 Visual Studio Code 或 Thonny

步骤

1. 再次使用 random 模块

是的，还是我们的老朋友 random 模块。它的用处太大了。这次，我们使用它来选择 1 到 10 之间的一个整数。

2. 输入整数

我们要处理整数，因此可以使用 int( ) 函数来处理用户的输入。

3. 输出

游戏一直持续到用户猜出数字，此时它就突然结束了。

学到了什么？

这是随机选择一个数字的简单实现。接下来可以稍作改进，比如可以询问用户的名字，然后输出这个名字来称呼用户；或者限制猜测的次数；再或者每次用户猜错时都不更改数字。

①

```
guess.py    ×

C: > Users > Ianev > Python > 🐍 guess.py > [∅] num
  1    import random
  2        💡
  3    num = random.randint(1, 10)
  4    guess = None
  5
  6    while guess != num:
  7        guess = input("guess a number between 1 and 10: ")
  8        guess = int(guess)
  9
 10        if guess == num:
 11            print("congratulations! you won!")
 12            break
 13        else:
 14            print("nope, sorry. try again!")
```

②

```
dice.py    ×

C: > Users > Ianev > Python > 🐍 dice.py > ...
  1    import random
  2
  3    die1 = random.randint(1,6)
  4
  5    die2 = random.randint(1,6)
  6
  7    print(die1, die2)
  8
  9    print(die1 + die2)
```

③

```
Windows PowerShell
Copyright (C) Microsoft Corporation. All rights reserved.

Try the new cross-platform PowerShell https://aka.ms/pscore6

PS C:\Users\Ianev> & C:/Users/Ianev/AppData/Local/Microsoft/WindowsApps/python3.9.ex
e c:/Users/Ianev/Python/dice.py
4 5
9
PS C:\Users\Ianev>
```

掷骰子

随机数的一个很好的应用就是模拟掷骰子，它可以在许多游戏中使用。

步骤

1. 随机

这非常简单：首先导入random模块，然后随机选择1到6之间的两个整数。

2. 打印

显示两个骰子的数，并将它们加在一起直接显示总的点数。

3. 输出

输出的内容很少，以至于它几乎淹没在Visual Studio Code生成的其他内容之中。

学到了什么？

这个脚本还可以扩展。对于想要掷12面骰子（D12）的《龙与地下城》（D&D，一款桌游）玩家，或者在《战锤40000》这一桌游中需要掷多个6面骰子的玩家，你可以设置代码来询问要多少个骰子，以及每个骰子有多少面。

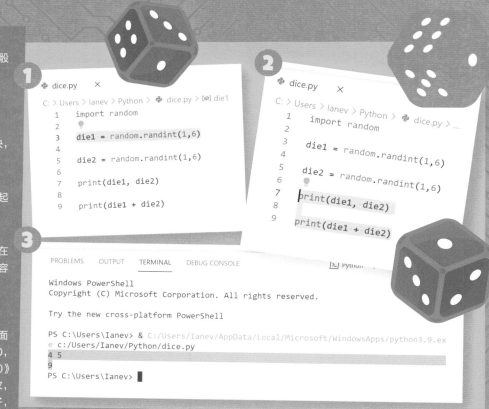

1

```
dice.py    ×
C: > Users > Ianev > Python > 🐍 dice.py > [@] die1
1    import random
2    💡
3    die1 = random.randint(1,6)
4
5    die2 = random.randint(1,6)
6
7    print(die1, die2)
8
9    print(die1 + die2)
```

2

```
dice.py    ×
C: > Users > Ianev > Python > 🐍 dice.py > ...
1    import random
2
3    die1 = random.randint(1,6)
4
5    die2 = random.randint(1,6)
6    💡
7    print(die1, die2)
8
9    print(die1 + die2)
```

3

```
PROBLEMS    OUTPUT    TERMINAL    DEBUG CONSOLE                    Python

Windows PowerShell
Copyright (C) Microsoft Corporation. All rights reserved.

Try the new cross-platform PowerShell

PS C:\Users\Ianev> & C:/Users/Ianev/AppData/Local/Microsoft/WindowsApps/python3.9.ex
e c:/Users/Ianev/Python/dice.py
4 5
9
PS C:\Users\Ianev>
```

去除元音

如果你曾经看过一档节目叫《Only Connect》，那么你就会知道，虽然很难识别出元音已删除的单词或短语，但还是有可能的。这个程序能识别和删除文本字符串中所有的a、e、i、o和u，让我们也玩一次去掉元音的游戏。

步骤

1. 识别元音

首先，我们需要告诉Python元音是什么。因为Python是一种区分大小写的语言，所以最好同时写上大写和小写字母。

2. 输入

为用户创建一个输入字符串以输入他们的短语。然后我们遍历短语，用""（空，什么字符也没有）替换所有的"元音"。

3. 输出

输出屏幕显示了从短语中删除每个元音的过程，同时显示了中间阶段。

学到了什么？

这种搜索和替换程序可以扩展为用一个短语替换另一个固定短语——引号之间并不是一定什么都没有的。

1

```
vowels.py    ×
> Users > Ianev > Python > 🐍 vowels.py > [@] vowels
1    vowels = 'aeiouAEIOU'
2    💡
3    given_str = input ("enter a phrase:")
4    final_str = given_str
5
6    for c in given_str:
7        if c in vowels:
8            final_str = final_str.replace(c,"")
9
10           print(final_str)
11
```

2

```
vowels.py    ×
C: > Users > Ianev > Python > 🐍 vowels.py > ...
1    vowels = 'aeiouAEIOU'
2
3    given_str = input ("enter a phrase:")
4    final_str = given_str
5
6    for c in given_str:
7        if c in vowels:
8            final_str = final_str.replace(c,"")
9
10           print(final_str)
11
```

3

```
e c:/Users/Ianev/Python/vowels.py
enter a phrase:Future Genius
Ftre Genis
Ftre Genis
Ftr Gnis
Ftr Gnis
Ftr Gns
Ftr Gns
PS C:\Users\Ianev>
```

神奇黑8

随机反馈

神奇黑8（magic eight-ball）曾经是一种流行的玩具，有点像抽签，玩的时候，你需要先向一个球提问，然后摇动这个球，当把球反转过来等待一段时间后，某种凝胶中一堆的答案中就会有一个浮出来。这里的代码可以制作一个完全的新版本，你可以按照你的想法重写其中的答案。

需要什么

- 一台Windows、macOS或Linux计算机
- Python IDE，例如Visual Studio Code或Thonny

步骤

1. 导入模块

导入random模块，然后处理你的答案。它可能是一条很长的代码——这里为了适应屏幕截图已经将这行代码分成了很多行。

2. 你叫什么名字？

通过简单的几行来确定用户的名字。

3. 问我一个问题

这是重要的一点——输入一个问题，然后使用random模块将备选的答案打乱以给出一个完全随机的反馈。

学到了什么？

在这里，你完成了一个列表并从中随机挑选，除了用于神奇黑8外，还可以有很多其他用途。

1

`8ball.py`

C: > Users > Ianev > Python > 🐍 8ball.py > ...

```python
1   # Welcome to the magic eight-ball
2   import random
3   answers = ['It is certain', 'It is decidedly so', \
4       'Without a doubt', 'Yes - definitely', \
5           'You may rely on it', 'As I see it, yes', \
6               'Most likely', 'Outlook good', \
7                   'Signs point to yes', 'Reply hazy', \
8                       'Try again', 'Ask again later', \
9                           'Better not tell you now', \
10                              'Cannot predict now', \
11                                  'Concentrate and ask again', \
12                                      'Dont count on it', \
13                                          'My reply is no', \
14                                              'My sources say no', \
15                                                  'Outlook not so good', \
16                                                      'Very doubtful']
17
```

你学会了吗？

2

`8ball.py`

C: > Users > Ianev > Python > 🐍 8ball.py > ...

```python
10                              'Cannot predict now', \
11                                  'Concentrate and ask again', \
12                                      'Dont count on it', \
13                                          'My reply is no', \
14                                              'My sources say no', \
15                                                  'Outlook not so good', \
16                                                      'Very doubtful']
17
18  print('I am the Magic Eight-Ball. What is your name?')
19  name = input()
20  print('Hello ' + name)
```

3

`8ball.py   1 ×`

C: > Users > Ianev > Python > 🐍 8ball.py > 🔧 Magic8Ball

```python
15                                                  'Outlook not so good', \
16                                                      'Very doubtful']
17  # What is your name?
18  print('I am the Magic Eight-Ball. What is your name?')
19  name = input()
20  print('Hello ' + name)
21  # Ask me a question
22  def Magic8Ball():
23      print('Ask me a question.')
24      input()
25      print (answers[random.randint(0, len(answers)-1)] )
26      print('I hope that helped!')
27      Replay()
```

继续神奇黑8

这是神奇黑8代码的后半部分。这里有一个循环用于提出更多问题，如果用户捣乱并输入无意义的内容，它会委婉地提示输入错误。请注意，Python是一种区分大小写的语言：如果你要让用户输入"Y"，那么他们将需要使用[shift]键，因此最好是让用户输入"y"。

步骤

1. 再问一次？

"Def"意味着你正在定义一个函数。我们之前是用于定义Magic8Ball( )，现在用来定义Replay( )来让用户问另一个问题。

2. 请重复

这一行包含了用户输入"y"或"n"以外的所有其他情况。

3. 输出

这是神奇黑8的输出。请记住，你可以调整答案以让程序说出你想要的任何内容，你不一定需要使用现有的答案。

学到了什么？

此脚本包含一个循环，因此你总是可以返回并按照自己的想法不断提出问题。你还可以扩展答案列表，以降低随机模块连续两次返回相同答案的可能性。

1

```
8ball.py  2  ×                                          ▷

C: > Users > Ianev > Python > 🐍 8ball.py > 📦 Magic8Ball > 📦 Replay
22   def Magic8Ball():
23       print('Ask me a question.')
24       input()
25       print (answers[random.randint(0, len(answers)-1)] )
26       print('I hope that helped!')
27       Replay()
28   # You want more?
29   def Replay():
30       print ('Do you have another question? [y/n] ')
31       reply = input()
32       if reply == 'y':
33           Magic8Ball()
34       elif reply == 'n':
35           exit()
36       else:
37           print('Sorry, I did not catch that. Please repeat.')
38           Replay()
```

2

```
8ball.py  1  ×

C: > Users > Ianev > Python > 🐍 8ball.py > 📦 Magic8Ball
                     Magic8Ball()
33
34           elif reply == 'n':
35               exit()
36           else:
37               print('Sorry, I did not catch that. Please repeat.')
38               Replay()
39       Magic8Ball()
```

3

```
Windows PowerShell
Copyright (C) Microsoft Corporation. All rights reserved.

Try the new cross-platform PowerShell

PS C:\Users\Ianev> & C:/Users/Ianev/AppData/Local/Microsoft/WindowsApps/python3.9.e
xe c:/Users/Ianev/Python/8ball.py
I am the Magic 8 Ball, What is your name?
Future Genius
hello Future Genius
Ask me a question.
■
```

质数检查程序

质数是指在大于1的自然数中，只能被它自己和1整除的数。质数在数学和计算机科学方面有各种各样的应用，尤其是当你开始考虑加密时。这里有一个简单检查一个数字是否为质数的脚本。

步骤

1. 输入一个数字
让用户输入一个数字，并将其存储为int类型。

2. 变量flag
变量flag是一个预先设定了数值的变量，除非有其他原因导致它发生变化，否则flag的值不变。在这里，我们默认数字就是质数，除非找到一个因子，那么在这种情况下这个数就会被改变，标记为不是素数。

3. 输出
这是程序运行时的样子。

1

🐍 primes.py ●

C: > Users > Ianev > Python > 🐍 primes.py > ...

```python
1    #Prime number checker
2
3    num = int(input("Enter a number: "))
```

2

🐍 primes.py ●

C: > Users > Ianev > Python > 🐍 primes.py > ...

```python
4    # Flag variable
5    flag = False
6
7    # prime numbers are greater than 1
8    if num > 1:
9        # check for factors
10       for i in range(2, num):
11           if (num % i) == 0:
12               # if factor is found, set flag to True
13               flag = True
14               # break out of loop
15               break
16       # check if flag is True
17   if flag:
18       print(num, "is not a prime number")
19   else:
20       print(num, "is a prime number")
```

3

```
PS C:\Users\Ianev> & C:/Users/Ianev/AppData/Local/Microsoft/WindowsApps/python3.9.e
xe c:/Users/Ianev/Python/primes.py
Enter a number: 133
133 is not a prime number
PS C:\Users\Ianev>
```

字谜游戏

字谜游字

你可能已经注意到，我们在本书中谈论了不少字谜游戏。这是让你进入当前这个项目的一个计划，这个项目将向你展示如何用 Python 代码来解出这些字母。这里我们使用的是树莓派上的 Thonny，不过它也可以在 Windows、macOS 和其他 Linux 发行版上使用。

需要什么

• 一台 Windows、macOS 或 Linux 计算机
• Python IDE，例如 Visual Studio Code 或 Thonny

步骤

1. 安装模块

我这里们需要 Enchant 模块，它是一个用来比较字谜的词典。没有它，你的代码将无法运行，它不是 random 之类的标准模块。

2. 包管理

从工具（Tools）中，选择管理包（Manage Packages）。然后搜索 "enchant"，单击 "pyenchant" 安装它。

3. 现在可以了

请注意，你在代码中仍然调用的是模块 "enchant"，而不是 "pyenchant"。我们使用的是英国英语词典，这个设置在第二行。

学到了什么？

模块管理器意味着你可以为 Python 添加各种模块，以多种方式扩展其功能。如果你遇到 "找不到模块（module not found）" 的错误，以这种方式添加模块可以让你的代码再次运行。

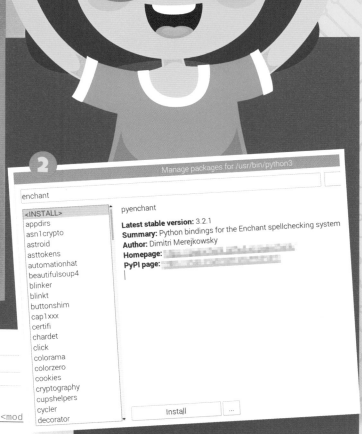

2 Manage packages for /usr/bin/python3

enchant

<INSTALL>
appdirs
asn1crypto
astroid
asttokens
automationhat
beautifulsoup4
blinker
blinkt
buttonshim
cap1xxx
certifi
chardet
click
colorama
colorzero
cookies
cryptography
cupshelpers
cycler
decorator

pyenchant
Latest stable version: 3.2.1
Summary: Python bindings for the Enchant spellchecking system
Author: Dimitri Merejkowsky
Homepage:
PyPI page:

Install

1

anagrams.py×

```
1  import enchant
```

Shell×

```
>>> %Run anagrams.py
Traceback (most recent call last):
  File "/home/pi/Documents/anagrams.py", line 1, in <mod
    import enchant
ModuleNotFoundError: No module named 'enchant'
>>>
```

3 s.py×

```
1  import enchant
2  d = enchant.Dict("en_UK")
3
4  word = input('Enter word: ')
5  letters = [chr for chr in word]
6  repeat_check = []
7
8  from itertools import permutations,combinations
9
10 for number in range(3,len(letters)+1):
11     for current_set in combinations(letters,number):
12
13
14
15         for current in permutations(current_set):
16             current_word = ''.join(current)
17             if d.check(current_word)and current_word not in repeat_check:
18                 print(current_word)
```

字谜循环

现在我们已经加载了英国英语词典，需要输入想要破解的字谜的字母内容，然后将其与单词列表进行比较。

步骤

1. 排列

这是提示用户输入他们想要解读的字母内容的代码，然后代码会将其分解并从中创建所有可能的组合。

2. itertools

我们在这里调用了另一个模块——itertools，并要求它创建所有可能的排列，包括来自混乱字母内容的每个字母。

3. 输出

这是输出：很快找到5个字母的3种单词排列。

学到了什么？

这是足以破解本书中所有字谜游戏的程序。当你输入的字母小于7个的时候，这个程序运行得相当快，输入差不多7个或多于7个字母的时候，程序就会变慢，因为它需要做更多的工作来比较字母和词典。

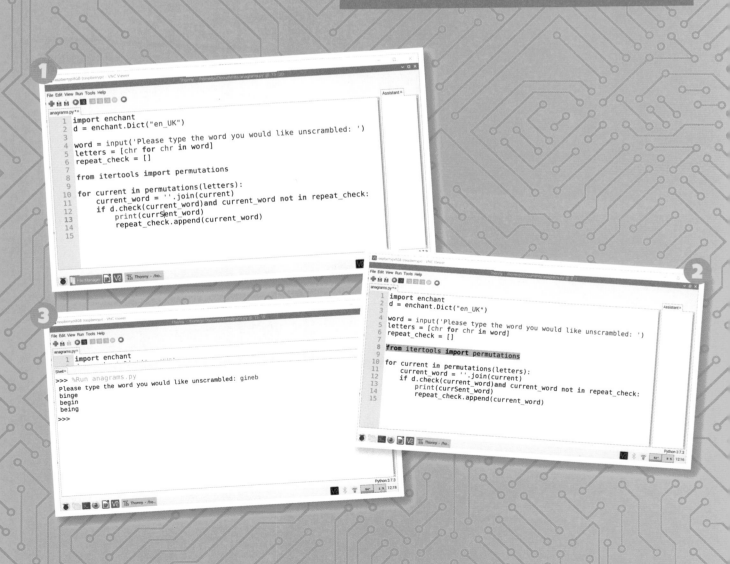

```
import enchant
d = enchant.Dict("en_UK")

word = input('Please type the word you would like unscrambled: ')
letters = [chr for chr in word]
repeat_check = []

from itertools import permutations

for current in permutations(letters):
    current_word = ''.join(current)
    if d.check(current_word)and current_word not in repeat_check:
        print(currSent_word)
        repeat_check.append(current_word)
```

```
>>> %Run anagrams.py
Please type the word you would like unscrambled: gineb
binge
begin
being
>>>
```

扩展程序

对这段代码进行了一些调整，将其更改为查找用混乱字母可以组成的每个单词，无论单词多长。这会使程序变慢，甚至更糟！不过，如果出于某种原因，需要你在拼字游戏中找出所有可能，那么这非常有用。

步骤

1. 开始是相同的
这部分代码和之前一样调用enchant词典。

2. 调整一下
我们在这里从iertools调用两个函数，以获取所有字母的排列和任意长度组合。

3. 输出
这一次，5个字母产生了11个结果。当接近9个字母的时候，程序会变得非常缓慢，你可能需要使用"停止"按钮。

学到了什么？

添加此功能当然可以扩展程序，但其实这会使这个程序远离其预期用途，即解决本书中的字谜游戏。现在它仍然可以做到这一点，但它产生的单词列表往往变得很长，而且变得很慢。有时，即使更大的程序仍然有效，聚焦在特定的目标也还是必要的。

1

```
anagrams.py
1  import enchant
2  d = enchant.Dict("en_UK")
3
4  word = input('Please type the word you would like unscrambled: ')
5  letters = [chr for chr in word]
6  repeat_check = []
7
8  from itertools import permutations,combinations
9
10 for number in range(3,len(letters)+1):
11     for current_set in combinations(letters,number):
12
13         for current in permutations(current_set):
14             current_word = ''.join(current)
15             if d.check(current_word)and current_word not in repeat_check:
16                 print(current_word)
17                 repeat_check.append(current_word)
```

3

```
anagrams.py
1  import enchant

Shell
>>> %Run anagrams.py
Please type the word you would like unscrambled: gineb
gin
big
gen
neg
beg
nib
bin
gibe
binge
begin
being
>>>
```

图书在版编目（CIP）数据

神奇的计算机及编程入门 / 英国Future公司编著 ；
程晨译. -- 影印本. -- 北京 ： 人民邮电出版社，
2024.4
（未来科学家）
ISBN 978-7-115-63912-7

Ⅰ．①神… Ⅱ．①英… ②程… Ⅲ．①程序设计—青
少年读物 Ⅳ．①TP311.1-49

中国国家版本馆CIP数据核字(2024)第051110号

内 容 提 要

本书共 3 册，主题分别为迷人的数学、神奇的计算机及编程入门、改变世界的机器人。书中包含大量精彩照片和图表，使用可爱的卡通人物形象讲述趣味科学知识，并与现实生活结合，科学解答孩子所疑惑的问题，让孩子在轻松的阅读中掌握科学原理。同时融入 STEAM 理念，通过挑战、谜题、测验，以及在家或学校都能进行的科学实验和实践活动，帮助孩子更加深刻地理解知识和掌握运用知识的技巧，学会解决问题的方法。

◆ 编　著　[英]英国 Future 公司
　　译　　　程　晨
　　责任编辑　宁　茜
　　责任印制　马振武
◆ 人民邮电出版社出版发行　　北京市丰台区成寿寺路 11 号
　　邮编　100164　电子邮件　315@ptpress.com.cn
　　网址　https://www.ptpress.com.cn
　　北京盛通印刷股份有限公司印刷
◆ 开本：880×1230　1/16
　　印张：6　　　　　　　　　　2024 年 4 月第 1 版
　　字数：208 千字　　　　　　2024 年 4 月北京第 1 次印刷
　　著作权合同登记号　图字：01-2024-0846 号

定价：199.00 元（共 3 册）
读者服务热线：(010)81055493　印装质量热线：(010)81055316
反盗版热线：(010)81055315
广告经营许可证：京东市监广登字 20170147 号

Future Genius
未来科学家

改变世界的
机器人
Robots

[英]英国 Future 公司◎编著　程晨◎译

人民邮电出版社
北京

这本书里有什么

82

看起来像人的机器人

什么是机器人

你在电影中见过机器人吗？在书中读过有关机器人的内容吗？也许在现实生活中你已经见过机器人了！我们的周围到处都是机器人。机器人有各种尺寸、形状和颜色。有些机器人看起来像人，有些机器人看起来像动物，而有些机器人看起来只是像机器。

机器人是一种无须人类帮助即可移动和执行任务的机器。机器人从周围环境收集信息，然后处理信息并做出决策，最后执行对应的任务。

大多数机器人是为了完成特定的工作或任务而设计的。机器人执行人们不想做或觉得无聊的工作。例如，扫地或清洁猫砂箱。一些机器人通过送货来节省人们的时间，也有一些机器人在工厂工作，装卸和移动材料。机器人还可以在工厂装配线上工作，生产汽车和洗衣机等产品。即使机器人重复执行相同的任务，它们也不会感到疲倦或无聊。也有在医院工作的机器人，有些帮助医生进行手术，有些则进行特殊测试，甚至有些机器人可以给病人送药。

机器人还可以完成对人类可能有危险的工作。例如，它们可以深入海洋或太空，可以前往战场或犯罪现场寻找爆炸物或炸弹，还可以安全地处理化学品或放射性废料等危险材料。通过完成这些危险的工作，机器人可以拯救生命。

机器人是神奇的机器，它们在世界各地以多种方式被使用，让人们的生活变得更轻松。现在让我们一起进入机器人的世界吧！

机器人冷笑话

Q: 机器人为什么要学习？

A: 因为它需要"充电"！

答案：4。

找不同

在这6张图片中哪张
不包含机器人？

机器人无处不在

看看你的周围，列出你家中可能是机器人的机器。说一说这些机器人执行什么工作，它们需要人类的帮助吗？在你的学校或社区中你能找到哪些机器人？这些机器人执行什么工作？

机器人如何工作

机器人看起来可能长得不一样，但它们都有相同的基本组成部分。机器人核心的主控板类似于人类的大脑。它使用机器人操作者编写的指令来控制机器人，告诉它做什么以及如何做。机器人的主控板通常位于机器人体内。有时，机器人可以由给出精确指令的人远程控制。

机器人的组成部分还有电源，它可以提供机器人移动和执行工作时所需的能量。许多机器人使用电池供电，也有一些机器人通过墙壁上的电源接口供电，还有一些机器人则使用太阳能或燃料电池供电。

许多机器人使用传感器从环境中收集信息。机器人使用摄像头帮助它们在移动时进行观察。摄像头还可以帮助机器人寻找物体并避开障碍物。而大多数的扫地机器人则使用红外光源来检测行进路径中的物体。一些机器人具有收集热量、光及化学物质信息的传感器。传感器会将信息发送到机器人的计算机大脑当中。

大多数机器人有可移动部件，有些机器人有机械臂，有些则有电机、轮子或多个可移动部件。每个部件都可以通过连接件连接到另一个部件，就像人体的骨骼一样。电机通过连接电缆或齿轮来移动机器人的轮子、手臂或其他可移动部件。还有些机器人是通过数十个小型电机协同操作来完成相应动作的。

机器人中实现各项动作和功能的部分称为执行器。机器人可以有多种类型的执行器。一些机器人使用简单的电机和齿轮，而有些机器人则使用液压系统。液压系统通过改变水或油等流体的压强增大作用力从而产生运动。机器人的主控板向其执行器发送消息，以驱动正确的电机和阀门，以便机器人可以移动。

科学家将这些基本部件组合起来创造出了多种类型的机器人。每个机器人的设计都使其成为最适合某项工作的机器人！

机器人的基本组成部分

使用右边的选项回答问题。

1 是什么为机器人的移动提供了能量？

2 机器人用什么进行观察？

3 机器人手臂的不同部分是通过什么连接的？

4 什么控制机器人的移动？

5 什么可以收集热量和光的信息？

主控板　连接件
传感器　摄像头
电池

答案：1.电池，2.摄像头，3.连接件，4.主控板，5.传感器。

6

"机器人"一词源自捷克语"robota",意思是强迫工作的人。

机器人的名字是怎么来的

机器人迷宫

为橙色机器人画一条路径,帮它找到它的朋友。

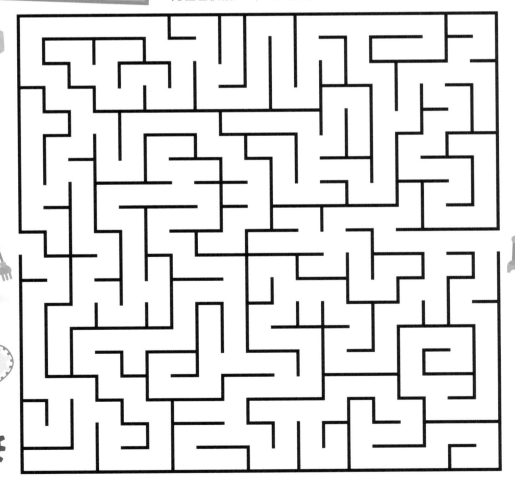

机器人历史

几千年来，人们一直梦想着发明机器人。公元前3世纪，古希腊和古中国的人们制造了栩栩如生的木偶和鸟类等机械装置。这些装置被称为自动机械。它们利用水、蒸汽或后来出现的弹簧来驱动它们移动。早期的自动机械装置是一只木制飞鸽，它是由古希腊科学家阿奇塔斯（Archytas）在公元前350年左右制造的。这只飞鸽可以拍打翅膀并飞行一小段距离。

自动机械流行了几个世纪。科学家和工程师制造了很多不同的自动机械。15世纪末，发明家兼艺术家列奥纳多·达·芬奇（Leonardo da Vinci）制造了一只机械狮子。他还设计了一个类人形的机器人骑士。他的设计使用滑轮和齿轮来移动骑士的手臂和头部。17世纪，日本人制作了可以奉茶的机械木偶。在18世纪末和19世纪初，人们制造了机器来帮助工人完成工厂中的某些任务或工作。

20世纪，剧作家卡雷尔·卡佩克（Karel Capek）在他的戏剧《罗素姆的万能机器人》中首次使用了"机器人（Robot）"一词。该剧讲述了一家公司制造

你知道吗？

1942年，美国科学家兼作家艾萨克·阿西莫夫（Isaac Asimov）为机器人制定了三条定律。

定律1 机器人不得伤害人类。

定律2 机器人必须服从人类的命令，除非它违反第一定律。

定律3 机器人必须保护自己，除非它违反了第一条或第二条定律。

茶具娃娃

17世纪，被称为"茶具娃娃"的机械木偶在日本很流行。它们使用复杂的、类似时钟的机械发条来实现逼真的动作。

出能完成所有工作的类人形机器人的故事。

计算机的发明使现在的现代机器人成为可能。有了计算机，人们可以对机器人进行编程，使其在没有人类帮助的情况下完成工作。1948年，科学家威廉·格雷·沃尔特（William Gray Walter）创造了第一个能够感知周围环境的机器人。20世纪50年代，发明家乔治·德沃尔（George Devol）设计了一种旋转手臂。德沃尔和他的合作伙伴约瑟夫·恩格尔伯格（Joseph Engelberger）借鉴了这个设计，并将其转化为名为Unimate的第一个工业机器人。1959年，第一台Unimate开始在通用汽车的工厂工作。它的任务是从装配线上移动零件并将它们焊接到车身上。恩格尔伯格努力向人们展示机器人如何在工厂中完成危险的工作并保证人们的安全。如今，他被称为"机器人之父"。

机器人的年龄？

使用下面的线索来解决这个逻辑难题，猜猜每个机器人的年龄。

3

4

5

6

8

线索

灰色机器人的年龄是最小的

绿色机器人的年龄是奇数

蓝色机器人比绿色机器人年轻

橙色机器人比红色机器人小两岁

机器人的种类

机器人的形状和大小各式各样。一些机器人在家、学校和公司中为我们提供帮助，也有一些机器人则让工厂和医院的工作变得更容易。每种机器人都有各自不同的工作和任务——例如，工业机器人在工厂中通常是静止的，这意味着它们不会四处移动。工业机器人通常执行简单、重复的任务，比如可以完成装载箱子或焊接零件等工作。与工人不同，工业机器人不会疲劳或犯错。

探索机器人用于探索人类难以到达或危险的地方。比如探索外太空或行进到海洋的最深处。这类机器人通常有先进的摄像头和传感器来收集行程路线中的信息。一些探索机器人是由人类远程操作的。家用机器人帮助人们完成家务劳动。你需要帮忙做家务吗？家用机器人可以清扫地毯和水池底部。有些机器人甚至可以割草！家用机器人也可以是有趣的玩具。你见过机器狗或机器恐龙吗？

一些机器人玩具看起来像个小人儿，可以通过远程控制进行操作。也许某一天，一个机器人可能会挽救你的生命。医疗机器人在医院和医疗保健领域工作。它们使医疗过程更简单、更快、更准确。它们可以完成多项任务：可以协助外科医生进行精细的手术，还可以进行常规检查，如眼部检查和血液分析。

还有其他机器人会完成危险的工作来保护人类。这些机器人通常从事安全工作或用于军事。它们搜索炸弹和其他爆炸物，使用传感器检测化学品和危险气体。

它们甚至来到了学校！教育机器人可以帮助老师上课，学生可以通过机器人学习机械是如何工作的，也可以使用机器人探索他们感兴趣的科目。一些教育机器人还有轮子，这样就可以在教室里移动了。

你的生活中有多少种机器人呢？随着技术的进步，机器人将能够胜任更多的工作。未来机器人在日常生活中出现的频率会越来越高！

什么是人形机器人？

人形机器人就是一种看起来像人的机器人。这些机器人有头、身体、手臂和腿。有时它们甚至还有面部。

匹配在线

将机器人与其执行的工作进行匹配。

1 家用机器人 　　　A 纪录海底温度

2 探索机器人 　　　B 回答数学问题

3 医疗机器人 　　　C 把沉重的箱子堆放在仓库里

4 工业机器人 　　　D 清洁户外烧烤架

5 教育机器人 　　　E 搜寻隐藏的毒品

6 军用/安保机器人 　F 进行血液分析

答案: 1D; 2A; 3F; 4C; 5B; 6E。

画一个机器人

你想使用哪类机器人，你希望它执行什么任务？为你的创意机器人画一个设计草图。想想它有哪些部件？这些部分是如何帮助它执行任务的？

身边的机器人

你可能没有意识到，我们身边已经有很多工作的机器人了。下次去超市的时候，你没准就会遇到像Marty这样的机器人。Marty是一个自主机器人，这意味着它可以在没有人控制的情况下移动。Marty看起来像一根高大的灰色柱子，有摄像头和传感器，内部的导航系统帮助它在超市里移动，同时软件系统告诉它该做什么。Marty在超市内来回移动，搜找掉落的物品、障碍物以及放错地方的物品。它还能扫描价格标签并找出货架上的低价商品。

在购物中心，安全机器人保护购物者的安全。这些机器人在商场里悄无声息地来回移动。它们的摄像头会拍摄附近的一切及每个人的视频，麦克风会拾取声音。机器人将实时音频和视频通过视频流传输给商场的安保团队，并提醒安保人员注意商场内可能发生的犯罪或威胁。当发生犯罪时，它们的视频和录音将被警方用作证据。

清洁机器人在商店、酒店和办公室工作。这些自主机器人在没有人工操作的情况下对地面进行吸尘或擦洗。一些清洁机器人，如Whiz Gambit，还会在地面喷洒消毒剂。

大学校园里的学生可能会使用送餐机器人来取快餐。这些小型机器人有一个可以携带大约9千克货物的货箱。货箱的大小非常适合放外卖。机器人在校园里穿梭运送货物。它们在学生使用的人行道、楼间的小路和步道上行驶。这些机器人有摄像头和导航系统，可以引导它们绕过任何障碍物。

这些只是日常生活中我们身边的一小部分机器人。随着技术的进步，机器人可以做更多的工作。未来机器人在日常生活中的应用真的不可想象！

自主移动机器人

自主移动机器人，也称为AMR（Autonomous Mobile Robot），是一种可以在没有人类帮助的情况下四处移动的机器人。AMR使用传感器和摄像头来收集环境信息。它们使用内置的计算机软件来处理这些信息，然后软件告诉机器人去哪里和做什么。自动驾驶汽车就是AMR的一种。

我最喜欢的机器人

你最喜欢的机器人是什么？它能完成什么工作？你为什么喜欢这个机器人？把你最喜欢的机器人画在下面吧！

机器人谜题

Q: 机器人墓碑上会写什么？

A: R.I.P（Rust in Peace，归于死寂）。

（译者注：人们的墓碑上通常写Rest in Peace，简写为R.I.P。此题指机器人在平静的生活中慢慢生锈，所以答案是Rust in Peace，简写也是R.I.P。）

流行文化中的机器人

机器人是世界流行文化中的一部分。它们在小说和漫画中让读者感到惊奇，在电影和电视节目中让观众感到激动，同时还能为儿童和成年人带来欢乐。

有许多以机器人为主角的著名电影。1927年的《大都会》是第一部以机器人角色为主角的电影。在电影中，一位发明家制造了一个名叫玛丽亚（Maria）的机器人来代替真人。机器人制造了混乱，毁掉了真实的玛丽亚的生活。在电影《星球大战》中，几个机器人角色与人类并肩协作。由演员马克·哈米尔扮演的天行者（Skywalker）卢克，就是一个由两个机器人（R2-D2和C-3PO）帮助的人类角色。R2-D2的形状像一个桶，用3条带轮子的腿四处移动，并通过嘟嘟声和口哨声进行通信。C-3PO是一个人形机器人（Humanoid）——它走路和说话都像人。还有一部关于机器人的著名电影是《瓦力》。在电影中，瓦力（Wall-e）是一个小型垃圾收集机器人，负责清理地球上的垃圾。随着时间的推移，它产生了情感，并学习着爱上了另一个机器人伊娃。

这些机器人都叫什么？

你能说出这些电影中机器人的名字吗？

什么是ANDROID?

ANDROID是一种看起来和行为举止都像人的机器人。

机器人也像书中的人物一样能给读者带来很多想象。你读过道格拉斯·亚当斯（Douglas Adams）的《银河系漫游指南》吗？在书中，忧郁又偏执的机器人马文（Marvin the Para-noid Android）是一个可以感知情绪的智能机器人。它做许多无意识的工作，这使它感到无聊。

有时，电影和书籍会探讨对机器人的恐惧。一个普遍的担忧是，机器人将变得比人类更聪明，并试图掌控世界。一些虚构的机器人就是为了杀人而创造的，比如电影《终结者》中的机器人。另外，人们还会探究对战争中的机器人或人工智能的恐惧。

长期以来，人们一直对机器人及其惊人的技能感兴趣。随着技术的进步，机器人将能够完成更多令人震惊的事情。它们在流行文化中的地位将永远存在！

机器人谜题

Q: 为什么机器人会生气？

A: 因为有人一直按它的按钮！

机器人世界

曾经，机器人是人类虚构的想法而非现实。但今天，机器人已经成为我们日常生活的一部分，它能帮助我们完成许多工作。机器人出现在电影、电视节目和书籍中。它们在工厂里组装汽车或者是搬运沉重的箱子。在家里，它们清扫地板，修剪草坪。一些机器人在大学校园里帮我们运送东西，也有一些则在购物中心和超市里巡逻。它们帮助医院的医生和护士进行复杂的手术，帮助警察和军队搜索炸弹、化学品和其他危险物品。它们甚至能够探索外太空和海洋的最深处。

所有这些正是机器人今天所能完成的，而技术和计算机科学的进步使机器人在未来完成更多的任务成为可能。在世界各地，机器人工程师正在努力创造新的机器人，让我们的生活更轻松。在未来，你甚至可能会有一个自动机器人能帮你做饭或铺床。你认为我们未来还会看到哪些让人惊叹的机器人呢？

工厂

在工厂里，机器人能完成许多工作，如处理原材料、操作工具和组装产品。它们不会像人类工人一样感到累！

你好！
我能帮你
做什么？

运动

机器人可以帮助人们练习和进行不同的运动。机器人会打乒乓球、羽毛球等。机器人还可以成为拳击陪练，甚至可以帮助人们练习篮球。

想一想

机器人和人类有什么共同的感觉功能？

....

....

....

人类有哪些机器人没有的感觉功能？

....

....

....

你认为机器人将来会有这种感觉功能吗？

....

....

无人机

无人机是在空中飞行的机器人。一些公司正在开发新型无人机，将包裹直接送到你家。

军事

军用机器人能保护士兵的安全。它们可以探测地雷以及排除炸弹，而不会使人的生命处于危险之中。

字谜游戏
你能将这些混乱的字母重新拼成正确的单词吗？

1 MUSOOONAUT

2 TBOOR

3 ERNIGDES

4 NCOTHEYGLO

答案：1. AUTONOMOUS（自主）；2. ROBOT（机器人）；3. DESIGNER（设计师）；4. TECHNOLOGY（技术）。

本章谜题

让我们来检验一下你学到的知识，看看你对机器人的历史和世界了解多少。

写一个机器人的故事

准备

• 纸和笔

步骤

1. 首先，头脑风暴，为你的故事构思一些想法。你的主角是机器人吗？它看起来像什么？它是为完成什么工作而创造的？它有名字吗？它是如何沟通的？你的机器人有哪些优点和缺点？你的故事中还有哪些其他角色？

2. 接下来，开始写作。你的机器人怎么了？它有什么问题？它对这个问题有何反应？写下你的机器人对其他角色说了什么以及它们的反应。

3. 你的机器人怎么了？它是如何解决问题的？

4. 如果你愿意，可以在你的故事中添加插图。

5. 写完后，把你的故事读给朋友听！

收获

你从写故事中学到了什么关于机器人的知识？在你的故事中，你的机器人是如何与人类互动的？

给机器人各个部件贴上标签

Rollin' Justin是一种用于机器人研究的人形机器人。它可以抓住球和煮咖啡，它正在学习维修卫星。使用下面的可选标签来标记这个机器人的各个部件。

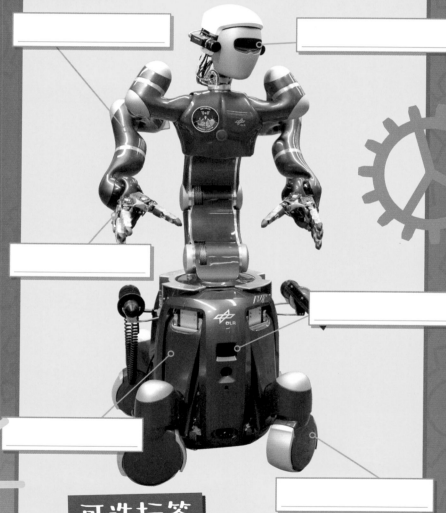

可选标签

摄像头　　　　手　　　　主控板

胳膊　　　　电机　　　　轮子

找不同

比较这两个机器人。你能找到6个不同点并圈出它们吗?

找单词

你能找到隐藏的单词吗?

```
I V Q A X A S K R P H Y S M E
Y Z W J J Y M E R R N W G B C
X E N Z I Q T O R C V P D P L
U V L I E U C E T O Q U W E Y
I E M J P E W P N O S B U F N
L W V M S G M O H A R N C R X
B V O S L I X W S P Q D E G F
R C L G E A R E T O B O R S O
W O D I D I M R X I L V N Z R
M W T M I X F O T A S B G C W
C U A A Y V N C L R O E V S A
S P B N U Y J M E D R Y G T X
E V P C M T M R E Z C E W F W
U W P M K O C A H D K W I Q C
A A L J K G O A W Q C D X A Q
```

ACTUATOR(执行器)	GEAR(齿轮)	PROCESS(进程)
ROBOT(机器人)	ARM(手臂)	MOTOR(电机)
	COMPUTER(计算机)	WHEEL(轮子)
POWER(供电)		
	SENSOR(传感器)	

机器人感知-思考-执行的循环

机器人使用感知—思考—执行的循环来完成任务。

感知

首先,机器人使用其传感器,如摄像头,来收集环境信息。

执行

机器人行动以执行动作。

思考

机器人利用收集到的信息来决定该做什么。

机器人三定律

1942年,美国科学家兼作家艾萨克·阿西莫夫为机器人制定了3条定律。你还记得它们是什么?在下面圈出阿西莫夫的3条定律。

- 机器人不得伤害动物
- 机器人必须服从人类下达的每一个命令
- 机器人必须服从人类的命令,除非它会伤害人类
- 机器人不得伤害人类
- 机器人只能服从其主人的命令
- 机器人必须保护自己,除非它会伤害人类或违抗人类的命令
- 机器人每天工作时间不能超过8小时

答案:机器人不能伤害人类;机器人必须服从人类的命令,除非它会伤害人类;机器人必须保护自己,除非这会违背前两条定律。

19

选择一个机器人

你想把哪个机器人带回家？

 PLEO ☐

 CHIPPY ☐

解释一下为什么选择这个机器人：

补充

这个机器人少了一半。你能把缺失的部分补上吗？

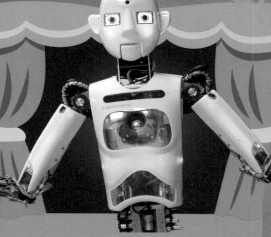

遇见机器人

ROBOTHESPIAN

RoboThespian是一个表演机器人。它是为在舞台上表演而设计的，其主体由电动和气动（空气或其他气体）的执行器提供动力。RoboThespian可以用男性或女性的声音说话，并且会30多种语言。这个机器人在世界各地的舞台上表演。一个名为Max Q的RoboThespian机器人就在美国国家航空航天局（NASA）位于佛罗里达州的肯尼迪航天中心回答问题。

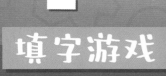 填字游戏

你知道哪些著名的虚构机器人？利用这些线索完成填字游戏。

行

3. 电影《大都会》中的主角机器人（5个字母）。

4. C-3PO是这种类型的机器人（8个字母）。

5. 一个爱伊娃的小型的垃圾收集机器人（5个字母）。

列

1. R2-D2帮助了这位年轻的绝地武士（9个字母）。

2. 一种能感知情绪的智能机器人（6个字母）。

答案 1. Skywalker（天行者）；2. Marvin（马文）；3. Maria（玛丽亚）；4. Humanoid（人型机器人）；5. Wall-e（瓦力）。

20

校园迷宫

帮助送餐机器人找到穿过校园的路，给饥饿的学生送餐。

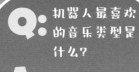

Q: 机器人最喜欢的音乐类型是什么？

A: 重金属！

自制卷筒机器人

使用卫生纸卷筒、装饰小零件以及家中找到的一些回收材料，制作一个你自己的机器人。

准备

- 卫生纸卷筒
- 铝箔
- 彩纸
- 两根毛根条
- 胶水和胶带
- 绒球等零件

步骤

1. 用铝箔包住卫生纸卷筒。
2. 从彩纸上剪下一些基本形状。
3. 使用剪下的基本形状以及绒球、记号笔和其他材料来设计和装饰你的机器人身体。
4. 将两根毛根条作为机械臂连接到机器人主体上。
5. 拼贴一个机器人的脸。
6. 用毛根条和绒球在机器人的头顶上制作一根天线。
7. 如果你想把你的机器人变成木偶，可以把一根冰棍棒粘在机器人纸筒的内侧。

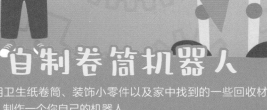

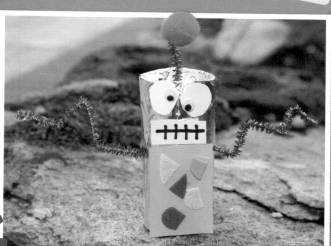

工厂和仓库中的机器人

在工厂或仓库工作可能会相当枯燥和乏味。你拿起一双鞋放在一个盒子里，然后再拿起一双鞋放在一个盒子里。对于一些工人来说，这是重复的机械劳动。另外，工厂和仓库的工作可能很危险，重型机器不停地运转、传送带从未停止、焊枪在空中喷射出阵阵火花。这些都是应用机器人的绝佳场景！

许多机器人在工厂和仓库工作。虽然机器人永远不会完全取代人类工人，但它们所做的许多工作对人类来说太无聊或太危险了。机器人还可以连续工作数小时而不间断。

工程师会设计机器人如何在工厂或仓库中工作。它们使用3D计算机模型来设计机器人的行为和动作，然后工程师会编写一个程序，并将其转换成机器人的指令。程序会告诉机器人该做什么以及什么时候做，然后工程师将程序加载到机器人的主控板中。这样机器人就可以开始工作了！

你知道吗？

现在你知道了什么是机器人（Robot），但你知道什么是Cobot吗？Cobot也是一种机器人。Cobot是"协作机器人（collaborative robot）"的缩写。Cobot被设计成可以安全地与人类一起工作，并且Cobot具有敏感的传感器来帮助机器人"感知"。这样如果有什么东西中断了Cobot的工作，Cobot将进入安全模式并停止它正在做的事情。这种设计可以保护人类免受伤害。

工作中的机器人

机器人在工厂里能做什么工作呢？一些工厂里的机器人会将材料或零件从一个地方移动到另一个地方。通常，这项工作非常简单但需要不断重复。机器人可能会从传送带上拿起一个零件，然后把它放在另一个零件上。机器人可能还会以特定的排列方式将零件放置在托盘上。机器人还可以在生产设备上安装或取下相应的零件。对应这些零件通常有特殊的夹具，机器人使用夹具可以抓住每个零件。

工厂里的机器人甚至可以操作和使用工具。例如，可以为机器人编程，然后让其完成焊接零件或喷涂物体的工作。为了做到这一点，在设计机器人时，要让这些机器人手持焊接工具或喷枪。机器人还可以在工厂里完成打磨或抛光等任务。

一些工厂使用机器人完成装配任务。装配机器人可以将零件组装在一起，插入螺丝和铆钉，或者使用胶水或其他黏合剂。装配机器人通常用于装配对人类工人来说太小或太精细的零件。装配机器人可以通过力传感器检测零件装配的力度。传感器告诉机器人是否需要更多或更少的力。这种反馈可以提高机器人的性能。

机器人还能完成工厂里的检查任务。机器人使用传感器来收集有关零部件的信息。传感器告诉机器人该零件是否符合工厂的质量标准。

大多数工厂里的机器人有一个多关节的大型机械臂。这个机械臂能够通过编程来执行特定的任务。如果工作任务发生变化，只需重新编程即可。例如，机器人可以焊接零件，也可以使用喷枪。

仓库里也有许多机器人，它们帮助人类更高效地工作。仓库机器人能够装卸箱子、移动和分拣材料、快速地组装和包装客户的订单，并使用传送带将订单装载到送货卡车上。它们可以在少犯错误的情况下完成所有任务，并防止工人因搬运较重的箱子以及其他工厂或仓库的事故而受伤。使用机器人对每个人来说都更高效、更安全。

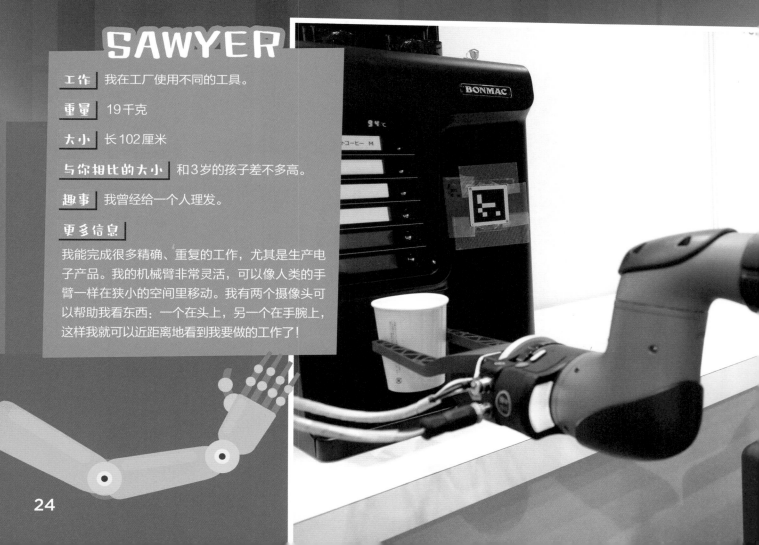

SAWYER

工作 我在工厂使用不同的工具。

重量 19千克

大小 长102厘米

与你相比的大小 和3岁的孩子差不多高。

趣事 我曾经给一个人理发。

更多信息

我能完成很多精确、重复的工作，尤其是生产电子产品。我的机械臂非常灵活，可以像人类的手臂一样在狭小的空间里移动。我有两个摄像头可以帮助我看东西：一个在头上，另一个在手腕上，这样我就可以近距离地看到我要做的工作了！

KIVA

工作 我在仓库里搬运沉重的箱子。

重量 146千克

大小 高36厘米

与你相比

我大约能达到一个7岁孩子的膝盖。

趣事 我能举起450千克的箱子。

更多信息

我在亚马逊仓库里搬运箱子，被称为吊舱的重型货架。我经常在仓库里与数百个其他Kiva机器人一起工作。我能以5千米/小时左右的速度移动。这个速度和你走路的速度差不多！

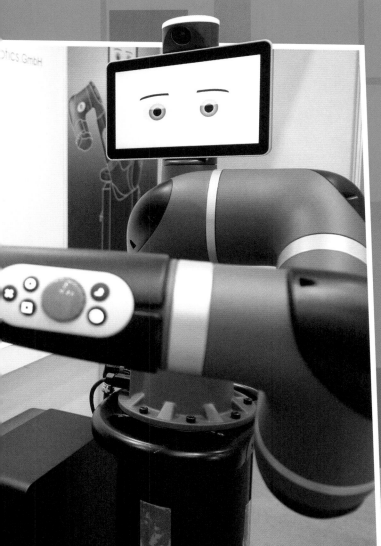

QUATTRO

工作 我在需要的地方取放物品。

重量 117千克

大小 高144厘米

与你相比
我比10岁左右的孩子高一点。

趣事 我能在一分钟内装30盒巧克力。

更多信息
我在工厂和仓库工作，负责挑选和分装物品。我有4条手臂，这使我工作时速度非常快，也非常精确。事实上，我是世界上极快的分拣机器人之一，我每分钟可以完成300多次取放操作。

KR 1000 TITAN

工作 我能搬运非常重的货物。

重量 4690千克

大小 高237厘米

与你相比
我的身高大约是7岁孩子的2倍。

趣事 我是世界上最强壮的机械臂。

更多信息
我能搬运超过1000千克的物体。我能搬动重型发动机、石头、玻璃、钢梁、大理石块、飞机零件和船舶部件。我可以把它们搬运6.5米的距离。

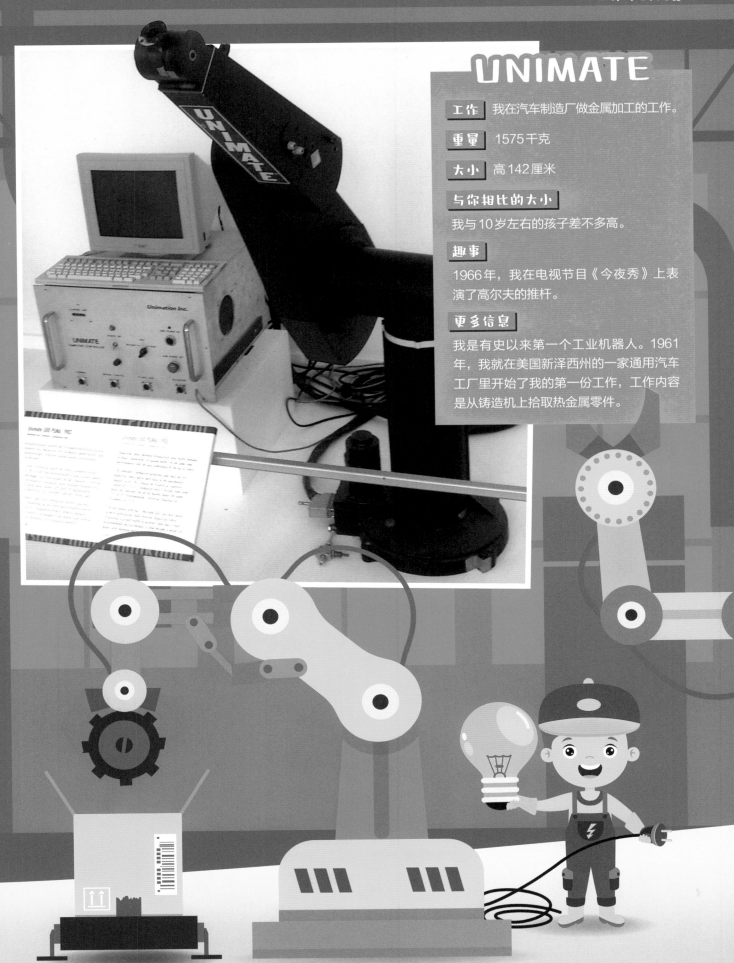

UNIMATE

工作 我在汽车制造厂做金属加工的工作。

重量 1575千克

大小 高142厘米

与你相比的大小
我与10岁左右的孩子差不多高。

趣事
1966年，我在电视节目《今夜秀》上表演了高尔夫的推杆。

更多信息
我是有史以来第一个工业机器人。1961年，我就在美国新泽西州的一家通用汽车工厂里开始了我的第一份工作，工作内容是从铸造机上拾取热金属零件。

GEEK+ 分拣机器人

工作
我在仓库里拾取物品，然后把它们交给一名工人。

重量 70千克

大小 高1135毫米

与你相比
我比7岁左右的孩子稍矮。

趣事 我使用算法拾取物品的速度比人类快。

更多信息
我和其他机器人一起在仓库里奔跑，以最快的速度拾取物品。然后，把这些物品交给一名工人，这名工人会把这些物品打包寄给客户。

YUMI

工作 我能完成精确的装配任务。

重量 38千克

大小 高571毫米

与你相比
我只有7岁孩子的一半高。

趣事
我可以在人类旁边和人类一起工作。

更多信息
我是一个在人类旁边工作的机械手。这让我成为了一个Cobot——协作机器人。我的手臂很软，所以如果意外撞到人，他们不会受伤！我能完成很多小而精确的装配工作，比如组装记忆棒或电路。

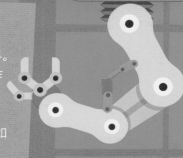

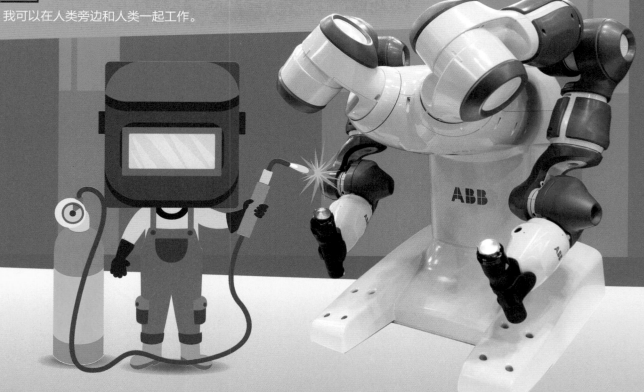

UR

工作
我在工厂里组装和包装物品。

重量 11.2~33.5千克

大小 高50~130厘米

与你相比
我最大的版本和7岁的孩子差不多高。

趣事
全球有40000多个UR机器人。

更多信息
我是一个有不同尺寸的机械臂。我能在工厂或仓库完成很多工作。我可以组装儿童汽车座椅、包装鸡蛋、处理电子产品和护理机器。我经常和一个工人安全地并肩工作。

本章谜题

通过以下这些工厂机器人谜题测试一下你学到的知识吧!

测试

你对工厂和仓库里的机器人了解多少?

机器人在工厂和仓库中能完成哪些类型的工作?

A. 组装零件 ☐
B. 艺术设计 ☐
C. 监督工人 ☐

工厂的机器人从哪里得到指令?

A. 人类告诉它该做什么 ☐
B. 计算机程序 ☐
C. 扫描文件 ☐

工厂的机器人可以完成焊接和喷漆。

对 ☐　　错 ☐

力传感器告诉机器人何时需要休息。

对 ☐　　错 ☐

答案: A; B; 对; 错。

机器人的数学题

英国有30个大型亚马逊仓库。如果其中一半的仓库中每个仓库都有100个Kiva机器人,另一半的仓库中每个仓库有50个Kiva机器人,那么总共有多少个Kiva机器人在工作?

答案: 2250个Kiva机器人。

机器人还是简单的机器？

你知道机器人和机器的区别吗？所有的机器都能执行一组特定的任务，而机器人是一种可以通过编程实现自动执行任务的机器。它可以对环境的变化做出反应，并根据指令做出决策。右边有一些简单的机器和机器人。请你圈出其中的机器人。

扫地机器人

电动螺丝刀

叉车

摩托车

无人机

电子收银机

自动智驶汽车

达·芬奇手术系统

你知道吗？

世界上大约一半的机器人在亚洲。日本拥有世界上最多的机器人，被誉为世界机器人之都。

答案：扫地机器人、无人机、达·芬奇手术系统、自动智驶汽车。

为这个机器人涂色

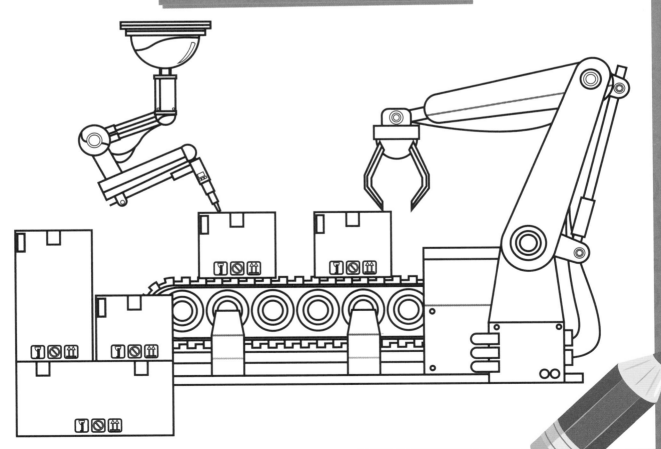

找单词

你能找到隐藏的单词吗?

```
E Y I U Z D W I G H K A T W I
L G E M O J W E F M D O O L N
Q Z A M E G Y S H R B M X B D
E F Z K Q R A U M O S S S D U
E W G N C X B O C G C L N R S
U P W O H A U H T M X C Y S T
D J O W H N P E R C H E V X R
P K E P I F L R W T I J G P I
D M G M N R D A J K F D T B A
F W A E U F K W F I K Z R Q L
C T N Z A X M J P M A T C K C
E Q S Y B S P O D S P A R O A
L Q C S V B K O Y T G W Q H A
F C M O P C G Z H O I H Y D N
Y L B M E S S A U X K V O Z Q
```

ASSEMBLY（装配）	COBOT	PODS（吊舱）	UNIMATE

PACKAGE（包装）	INDUSTRIAL（工业）	WAREHOUSE（仓库）

你知道吗?

根据国际机器人联盟的数据,自20世纪60年代以来,全球已售出约270万台工业机器人。

什么是编程?

编程,即编写程序,也就是计算机编程,人类通过编程告诉计算机该做什么。程序会告诉计算机该采取什么行动。当一个人编写程序时,它们会为计算机创建指令。人们编程来制作网站和应用程序、处理数据等。

记忆游戏

写下刚才你读到的所有在工厂和仓库中工作的机器人的名字。你可以再通读一遍前文,尽力记住它们,然后把书翻到这一页,试着把这些名字都写下来,看看你能记住多少。

字谜游戏

将这些混乱的字母重新拼成正确的单词，成为工厂中的机器人。

1 VKAI

2 SWRAeY

3 UTQOART

4 nmuATIe

5 ATTNI

答案：1.KIVA；2.SAWYER；3.QUATTRO；4.UNIMATE；5.TITAN。

为机器人编写程序

准备

• 纸和笔

入门

程序是一组指令，告诉机器人该做什么。程序提供了机器人可以准确遵循的一个简单、一步一步执行的操作。机器人的程序通常包括一个循环，这是代码中一段可以重复执行的指令。如果你需要告诉机器人多次重复一个动作，那么循环是很有用的。现在，可以尝试为绘图机器人编写程序。以下是一个帮助你入门的示例。

重复6次：

画一条线　　　　　这会绘制一个
转60度　　　　　　什么形状呢？

现在该你了！

编写一步一步的指令，让你的机器人绘制以下形状。

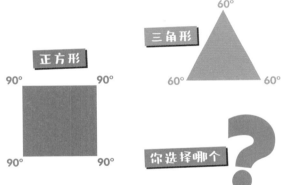

现在，让朋友按照你的一步一步的指令来测试你的程序。不要告诉他们画的是什么。他们能画出正确的图形吗？

收获

机器人依靠程序来一步一步地执行任务。有时，这些指令中很小的一个错误都会导致机器人无法按预期完成任务。你的一步一步的指令是如何工作的？你得到预期的结果了吗？如果没有，那么应该对程序进行哪些修改呢？

医疗保健中的机器人

在美国华盛顿州斯波坎，一个名叫Moxi的机器人正在医院工作。Moxi身高约1.2米，在医院里四处走动，为护士提供帮助，比如把样本带到实验室，给医生和护士送药或送设备。Moxi用它带有钳子的手臂按下电梯按钮或者拾取物品，同时它还有用于携带物品的抽屉。虽然Moxi不能取代护士，但它可以让护士有更多的时间来照顾病人（Patient）。

Moxi只是医疗保健领域的一种机器人。还有其他机器人被用于手术室、门诊和病房。它们能够完成很多工作来帮助医护人员。例如，机器人可以清洁和收拾病房、为护士拿东西、为病人送药（Medicine）。它们甚至可以协助医生进行手术。在机器人的帮助下，医护人员可以为患者提供更好的护理。

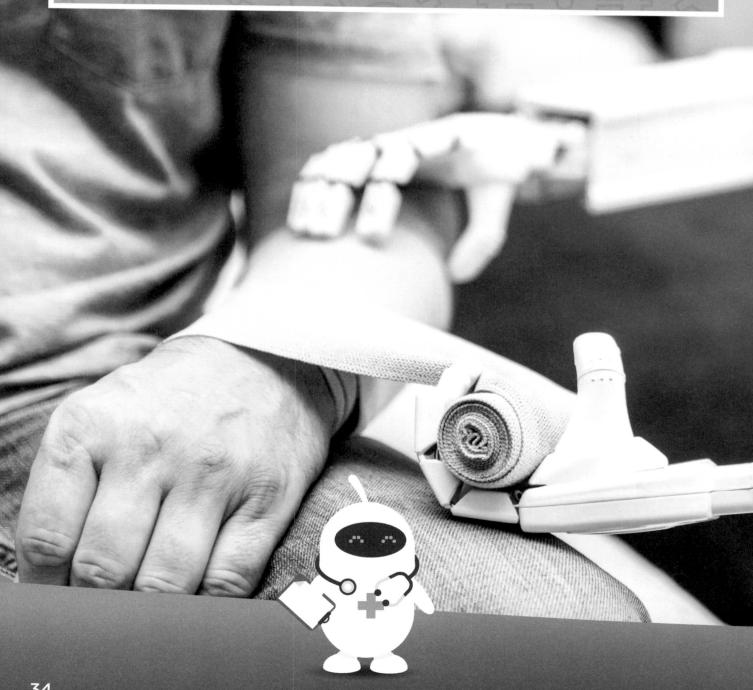

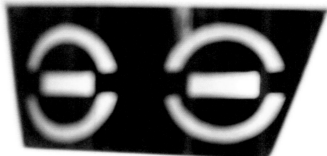

你知道吗？

一些科学家预测，未来医生将使用被称为纳米机器人（Nanobots）的微小机器人来为患者治病。纳米机器人能够完成许多特定的任务——带有摄像头的纳米机器人可以将人体内部的图像发送给医生，可以将药物准确地送到体内需要的地方，可以清洁动脉血管，甚至可以用于发现和摧毁癌细胞。

找到隐藏的信息

将这些混乱的字母重新拼成正确的单词，并找到隐藏的信息！

IXMO ☐ ☐ ☐ ☐
　　　　16　3

DEICNIEM ☐☐☐☐☐☐☐☐
　　　　　　　　　　6　　　7

TAETPNI ☐☐☐☐☐☐☐
　　　　　10 8 13 14 11 9 4

ATNOONB ☐☐☐☐☐☐☐
　　　　　12 15 5 2 1

R ☐☐☐☐ S ☐ W ☐ R K ☐☐
　1 2 3 4　5　6　　7

☐☐☐☐ R ☐☐☐ G ☐ R ☐
8 9 10 11　12 13 14 15　3 5 16

医疗保健中的机器人

你可能会在电视上看到机器人在协助医生做手术。有了机器人，医生可以更精确、更可控地进行复杂的手术。医生有时会使用带有摄像头的机器人和可以操作手术工具的机械臂。外科医生则是坐在手术台附近的操控计算机旁控制机械臂。计算机为外科医生提供了手术的3D放大视图。通常，使用机器人系统的手术只需很小的切口就可以完成。患者失血较少，疼痛也会减轻，恢复得也会更快。例如，使用达·芬奇手术系统，外科医生通过计算机控制台移动机械臂，这些机械臂前端会"拿"着微小的器械，像人手一样移动。这些微小的器械使外科医生只需要在病人身上切一个小口。最后，机器人也许还能自己做一些小手术，比如在手术完成后为病人缝合。

机器人也在帮助医院的医生和护士。机器人能够运送药品、食品托盘、设备、实验室样本等。当这些机器人在医院移动时，它们使用无线电信号开门并操作电梯。机器人还会对某个区域进行清洁和消毒，以及收拾病房。它们会检查并补充需要的物品，并将床单送到医院的洗衣房。有了机器人处理这些事务，护士就会有更多的时间照顾病人了。

机器人可能是你去医院时遇到的第一个"人"。在墨西哥，一个名为RoomieBot的机器人会在病人到达时收集信息。RoomieBot会测量患者的体温（Temperature）和血氧水平（Blood Oxygen Levels），甚至还会记录患者的病史。

康复机器人会帮助中风、瘫痪、脑损伤或患有其他病症的病人进行恢复。它们帮助患者练习动作和进行物理治疗。机器人可以帮助病人移动手臂。有些机器人帮助患者在中风或脊椎受伤后的康复时间内移动双腿，让患者重新学习如何行走。科学家甚至创造了大脑可以控制的机械臂。它们使用连接到身体的传感器来检测肌肉或神经活动，然后发送信息让手臂移动。随着技术的进步，机器人将能够在医疗保健领域独自完成更多的任务。

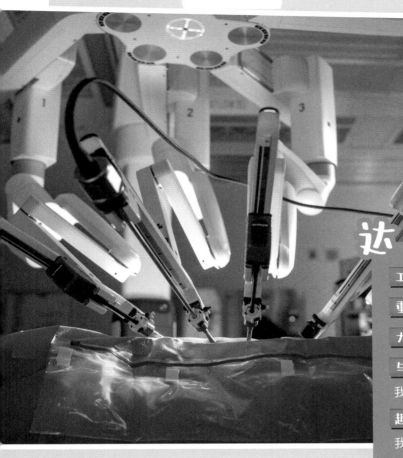

达·芬奇手术系统

工作 我能完成复杂而精确的手术。

重量 144.3千克

大小 高175.3厘米

与你相比
我的身高大约是7岁孩子的1.5倍。

趣事
我是以著名艺术家和发明家达·芬奇的名字命名的。

更多信息
我是一个外科机器人，可以执行复杂而精确的手术。我有4条手臂，手臂前端装着手术器械和摄像头。人类外科医生手持控制器，使用手部动作和脚踏板来控制摄像头并移动机械臂和手术器械。

TUG

工作 我在医院运送物品、药品和餐食。

重量 99.7千克

大小 高121.1厘米

与你相比 我和7岁孩子差不多高。

趣事
我的红外相机可以发现障碍物，这样我就可以避开它们了。

更多信息
我是一个自动机器人，在医院大厅里帮助工作人员。我可以做很多工作，比如把药品和物品送到护理站，把样本送到实验室，甚至给病人送饭。有时我还会把床单或垃圾带到客房部。

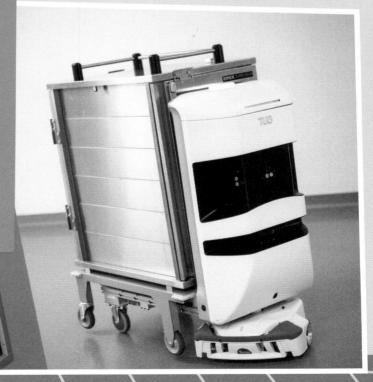

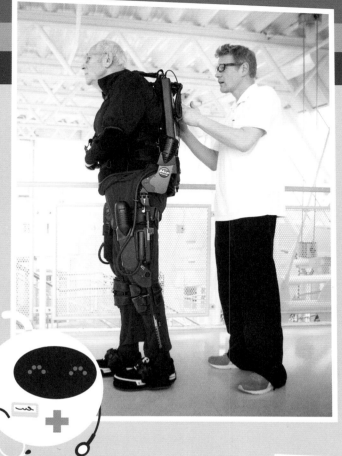

EKSO

工作 我帮助人们站立和行走。

重量 22.7千克

大小 高145～167厘米

与你相比
我比普通成年人矮一点。

趣事
我的外骨骼会将重量转移到地面上，所以使用者不用承受我的重量。

更多信息
我是一个可穿戴的外骨骼机器人。我帮助那些脊柱损伤、中风或脑损伤的人站立和行走。作为物理治疗项目的一部分，患者会穿着我的外骨骼，然后我会指导他们练习站立、踏步和行走。

MOXI

工作
我在医院运送药品、设备、实验室样本和其他物品。

重量 136千克

大小 高120厘米

与你相比 我和7岁孩子差不多高。

趣事 我有一双发光的心形眼睛。

更多信息
我是一个帮助护士的Cobot，这样它们就有更多的时间照顾病人了。我可以运送实验室样本、设备，以及从药房取药。我使用人工智能、传感器和其他技术绘制了医院地图，这样我就可以在没有人帮助的情况下四处移动了。

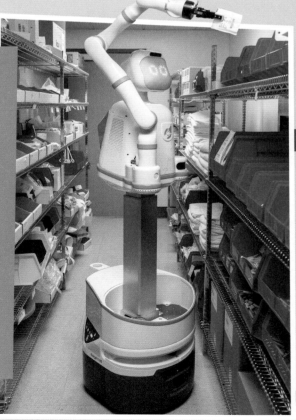

iLIMB

工作 我是一个假手机器人。

重量 0.47千克

大小 一只手的大小

与你相比 我和成年人的手一样大。

趣事
我的表面有一层逼真的"皮肤"覆盖。

更多信息
我是一个仿生手机器人。我使用贴在人皮肤上的传感器来检测肌肉和神经信号，这样佩戴者就能够控制机械手的运动了。我的每个手指和手腕中都有各自的电机，这些位置都可以自行活动，让用户更容易抓握和拿起物体。

PARO

工作

我帮助患有认知或情绪障碍的儿童和成年人。

重量 2.7千克

大小 高16厘米

与你相比

我比你小很多，我和大一点的有毛的动物差不多大。

趣事

我的声音是基于真正的小海豹的声音创造的。

更多信息

我是个小海豹治疗机器人。我在医院和养老院工作，帮助患有癌症、脑损伤、焦虑、抑郁和其他疾病的病人。我使用几个传感器来对我的环境做出反应。如果你抚摸我，我会像真正的海豹一样回应你。我甚至可以通过哭声来引起你的注意。我还可以识别自己的名字。

XENEX LIGHTSTRIKE

工作 我能给医院病房消毒。

重量 75.7千克

大小 高165厘米

与你相比 当伸展时，我和普通成年人差不多高。

趣事 我每天最多能为60个房间消毒。

更多信息

我用紫外线（UV）来消灭医院病房里的细菌。我发射出脉冲氙紫外线，其强度是太阳光的数百倍。紫外线可以杀死使人生病的病毒、细菌、霉菌、真菌和细菌孢子。它还可以杀死难以清洁地方的微小细菌。

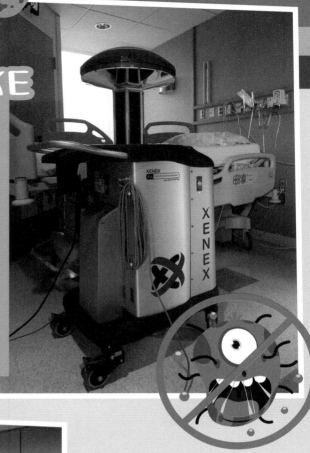

CYBERKNIFE

工作 我用精确的辐射射线治疗肿瘤。

重量 1267千克

大小 高309厘米

与你相比

伸展开，我的高度大约是成年人的2倍。

趣事

尽管我的名字带"刀"（Knife），但我不会割伤任何人！

更多信息

我是一个为肿瘤患者提供放射治疗的机器人手术系统。我的机械臂在病人周围移动和弯曲，以提供有针对性的辐射射线来杀死癌细胞。我工作时病人可以舒服地躺着。我的定向射线还能够保护健康的组织和器官免受辐射，减少辐射带来的副作用。

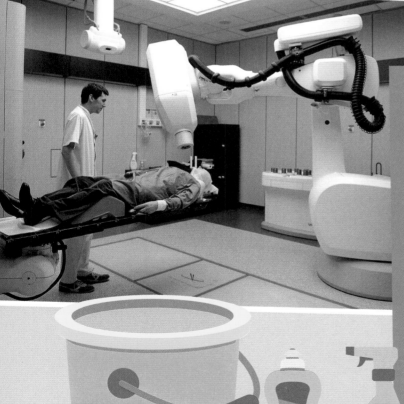

本章谜题

快来试试关于医疗保健中机器人的谜题。

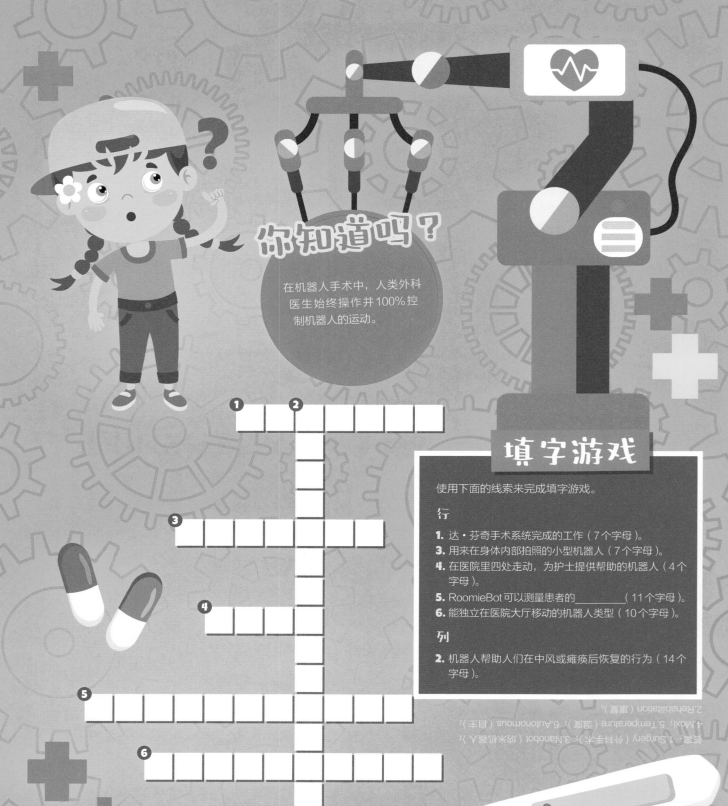

你知道吗?

在机器人手术中,人类外科医生始终操作并100%控制机器人的运动。

填字游戏

使用下面的线索来完成填字游戏。

行

1. 达·芬奇手术系统完成的工作(7个字母)。
3. 用来在身体内部拍照的小型机器人(7个字母)。
4. 在医院里四处走动,为护士提供帮助的机器人(4个字母)。
5. RoomieBot 可以测量患者的_____(11个字母)。
6. 能独立在医院大厅移动的机器人类型(10个字母)。

列

2. 机器人帮助人们在中风或瘫痪后恢复的行为(14个字母)。

答案:1.Surgery(外科手术);3.Nanobot(纳米机器人);4.Moxi;5.Temperature(温度);6.Autonomous(自主);2.Rehabilitation(康复)。

42

机器人匹配

将机器人与其在医院的工作相匹配。

1. 达·芬奇手术系统 ... ☐
2. RoomieBOT .... ☐
3. MOXI .... ☐
4. EKSO .... ☐
5. iLIMB .... ☐

A. 我帮助人们站立和行走。

B. 我用机械臂操作。

C. 我是为失去一只手的人设计的仿生机器人。

D. 当病人到达医院时，我给它们量体温和血氧水平。

E. 我为护士运送药品或其他物品。

答案：1.B；2.D；3.E；4.A；5.C。

迷宫

MOXI需要把药送到护士站，你能帮MOXI找到正确路线吗？

停

Q: 机器人为什么横穿马路?

A: 他的程序就是这么写的!

医院中的SPOT

波士顿动力公司的科学家正在制造一种名为Spot的新型四足机器狗，该机器狗可以测量患者的生命体征。Spot上安装了4个摄像头，可以在2米外测量人的皮肤温度、呼吸频率、脉搏和血氧含量。医生和护士通过手持设备控制Spot，并可以通过它在不同的房间向患者提问。这种机器狗可以保护医护人员免受传染病的感染。

制作一个机械手

准备

- 铅笔
- 纸板
- 胶带
- 剪刀
- 吸管
- 直径较大的吸管
- 毛线或细绳

步骤

1. 把你的手放在一块纸板上，用铅笔画出手和手腕的轮廓，画的痕迹最好是比实际上手和手腕的大小要大一点。然后用剪刀沿着画出的痕迹剪出一个手的形状。
2. 用铅笔在剪出的纸板上画线标记出手指关节的位置。
3. 在手指关节的位置折叠纸板。
4. 按照手指关节之间的距离将吸管裁成合适的长度。用胶带把吸管粘在纸板的内侧，注意吸管之间的手指关节处要留一些间隙。
5. 将一段较大的吸管沿着手臂方向贴在手形纸板的手腕附近。
6. 用一段毛线或细绳穿过一根手指的所有吸管。5根手指都要这样操作，保证每根手指对应一条毛线或细绳。然后用胶带将毛线或细绳的一端牢牢地固定在手指的顶部。
7. 将每根手指对应的毛线或细绳的另一端穿过手腕附近较大的吸管。
8. 从另一端拉动手腕附近的毛线或细绳，注意看看你的机械手是如何运动的。

收获

你的机械手哪块运动得比较好？你能让你的机械手变更灵活吗？

找单词

你能找到隐藏的单词吗？

```
S V J L Q M J W D K G R H M W
N K W I B B W F S S N C R I Y
M O S F C C H L V D I A A C W
E G X W G F O B A D C A C N M
D W B T T F D E C I E C R I F
I N Q D N X D J T F P O T V Y
C D N T S T R O K E S L C A X
I D P G Q X B I X N J T Y D P
N D K Q E O C Q E U M I U Q H
E E R A R P E S L E J I C A K
Y R E G R U S X M P O P W C U
W L U K T H E R A P Y E N C Y
B X D Y E D Q E Z Y X F V K M
K O D I S I N F E C T U T Y J
S R D R A D I A T I O N N D G
```

- SENSOR（传感器）
- SURGERY（外科手术）
- THERAPY（治疗）
- RADIATION（辐射）
- STROKE（中风）
- ROBOTIC ARM（机械臂）
- DA VINCI（达·芬奇）
- MEDICINE（药品）
- DISINFECT（消毒）

机器人的数学题

医院里有15个机器人送药。如果其中10个机器人各运送3种药品，其中5个机器人各运送6种药品，那么机器人总共运送多少种药品？

答案：60种药品

44

基于文本的编码

编码是机器人为了完成任务而读取并执行的一段指令。人们在机器人中使用不同类型的编程语言或代码。一些机器人使用基于文本的编码，即通过编程语言一行行地编写代码。当你用英语写一段话时，你要遵守语法和拼写规则。当你编写基于文本的代码时，同样需要遵循一些编程语言的语法。编程语言的语法就是编程语言所使用的约定和拼写规则。每种编程语言会按照自己的规则和顺序使用对应的一组单词或符号。基于文本的代码会告诉机器人要做什么。

编码练习

你想练习基于文本的编码吗？可以尝试以下的在线儿童编程平台：

CODE.ORG

在这里，孩子们可以从图形化编程开始，然后使用Java-Script、HTML 和 CSS 练习基于文本的编码。

CRUNCHZILLA 网站上的编码怪兽

编码怪兽会通过互动课程教孩子们练习 JavaScript 编程。

可汗学院

通过互动课程学习 JavaScript 编程。

为这个医疗机器人涂色

你知道吗？

第一个手术机器人是PUMA 560。1985年，它被用于将针头插入大脑进行活检。当人类进行手术时，即使是最轻微的手部抖动也可能会产生医疗风险。使用机器人则能降低这种风险。

危险作业中的机器人

想象一下，在一栋大楼里发现了炸弹，或者一种有毒化学物质在工厂里泄漏，再或者一栋大楼倒塌了，幸存者被困在了里面。也许前线的士兵需要了解埋在地下的爆炸物或前方的敌军的信息。你会派谁去这些危险的地方呢？也许机器人能胜任这项工作！

机器人经常被安排到对于人类来说太危险的地方执行任务。这些机器人经常为军队、警察部门和搜救队工作。一些机器人是自主工作的，而另外一些机器人是人类远程控制的。机器人使用摄像头扫描一个区域，用传感器检测有毒化学物质、辐射或爆炸物。有时，机器人甚至冒着"生命危险"阻止炸弹和其他爆炸物爆炸。当出现对人类来说风险太大的情况时，使用机器人也是一个正确的决定！

什么是无人机（Drone）？

你知道有些机器人会飞吗？无人机就是一种飞行机器人，它可以由地面上的人远程控制。一些无人机使用计算机软件系统和全球定位系统（Global Positioning Systems，GPS）自主飞行。军队和警察部门会使用无人机执行监视任务。携带炸弹的无人机还可以用来攻击目标地点。

字谜游戏

你能将这些混乱的字母重新拼成正确的单词吗？

1 GARENd □□□□□□

2 PCELOI □□□□□□

3 OBBM □□□□

4 ERDNO □□□□□

5 TOMREE □□□□□□

5.REMOTE（遥控器）。

答案：1.DANGER（危险）；2.POLICE（警察）；3.BOMB（炸弹）；4.DRONE（无人机）；

危险作业中的机器人

机器人遇到许多危险情况时能化险为夷。例如，它们为军队执行许多任务，如扫描雷区、拆除炸弹、探测敌方建筑、运送物资及监视敌人。它们配备了摄像头、视频屏幕、力传感器和特殊的夹具，可以从事危险的工作。有些机器人甚至可以携带和操作武器。例如，MAARS（Modular Advanced Armed Robotic System，模块化先进武装机器人系统）可以携带武器，如催泪瓦斯和榴弹发射器。一些军用机器人在地面上移动，也有一些则在水下工作或作为无人机在空中飞行。

机器人也在帮助警察执法。它们可以在危险的情况下工作，如检查可疑包裹、排除炸弹或与武装嫌疑人交谈。假设，当发现可疑包裹时，警方的拆弹小组可以派一个机器人进行检查。该机器人可以进行图像扫描并打开包裹，而不会让人置于危险之中。操作人员可以在安全的地方操作机器人。如果发现炸弹，一些机器人甚至可以排除炸弹。机器人还可以预先进行监视，确保警察进入的地方是安全的。

PACKBOT

工作	我能处理炸弹并搜寻其他危险的物品。
重量	23.9千克
大小	长17.8厘米
与你相比	我和4岁孩子的脚差不多长。
趣事	我曾在2016年奥运会安保部门工作。

更多信息

我是一个移动机器人，负责处理炸弹和其他危险物品，可以执行搜索和侦察任务。我使用多个摄像头看东西，通过音频技术听声音。我可以爬楼梯、在泥地里行走，能适应各种天气。

PackBot 能去你去不了的地方！

XAVIER

机器人对于安保必不可少！

工作 我在街上巡逻以保证公共安全。

重量 300千克

大小 高170厘米

与你相比 我和普通成年人差不多高。

趣事 我能检测你是否在不能吸烟的地方吸烟！

更多信息

我是一个自主的安全机器人。我带着一个360度摄像头和几个传感器在街上来回移动，搜寻不文明的行为。如果我发现不文明行为，我会向警察指挥中心发出警报，并显示提醒，以教育公众。

机器人也可以在灾难发生时提供帮助。2022年9月，飓风艾克（Ike）袭击美国佛罗里达州时，无人机在该地区上空飞行，为救灾小组收集信息。无人机拍摄了该地区的照片和视频，向救援人员展示了发生洪水的地方，并帮助救援人员找出到达需要救援人员所在地点的最佳路径。

2017年，墨西哥中部发生了地震。地震损坏了数千座建筑物，造成数百人死亡。急救人员使用美国宾夕法尼亚州的匹兹堡的卡内基梅隆大学生物机器人实验室的机器蛇寻找幸存者。细长的机器人可以在倒塌建筑物中的狭小空间内移动。救援人员通过机器蛇头上的摄像头在废墟中寻找幸存者。

其他科学家一直在开发以昆虫为模型的更小的机器人，以帮助应对灾难。在哈佛大学，科学家正在研究RoboBee。这些微小的飞行机器人大约只有一枚硬币那么大。它们体积小、速度快、行动敏捷，因此可以飞入倒塌建筑的最小空间中。

RAVEN

工作 我执行侦察任务。

重量 1.9千克

大小 长90厘米

与你相比

如果我竖起来，能够到一个7岁孩子的肩膀。

趣事 我只要被抛向空中就可以发射。

更多信息

我是一架小型无人侦察机。我很小，只需要一个人就能把我发射到空中。当我飞越目标时，会使用摄像头发回彩色和红外图像。任务完成后，我会导航回操作员的位置并降落到地面。

COLOSSUS

工作 我能救火，并在灾难中提供帮助。

重量 485千克

大小 高76厘米

与你相比

我的身高是11岁孩子平均身高的一半多一点。

趣事

在2019年巴黎圣母院失火时，我曾帮助过巴黎的消防队员。

更多信息

我是一个遥控机器人，在危险情况下与消防员和急救人员一起工作。我可以用高压水枪灭火。我强大的全地形履带让我可以在不平坦的地形上移动，我还能爬楼梯和清理碎片，甚至还可以帮助从不安全地区疏散受害者。

机器人评估巴黎圣母院大火后的损失。

HARRIS T7

工作 我是一个拆弹机器人。

重量 322千克

大小 高116厘米

与你相比 我和7岁孩子差不多高。

趣事 我能爬楼梯和斜坡。

更多信息

我可以在各种地形上移动，有高清摄像头和可调节的手臂。我使用触觉反馈将前方的信号发送给我的操作员，这样我们就可以更好地合作拆除炸弹了。

GLADIATOR

工作 我执行监视和侦察任务。

重量 725千克

大小 高135厘米

与你相比 我和8岁孩子差不多高。

趣事
我是由美国卡内基梅隆大学的一个科学家团队设计的。

更多信息
我是一个无人地面移动机器人。我与士兵一起执行监视、侦察和突击任务。我全身装甲，就像一辆小坦克。我能以16千米/小时的速度移动。通过使用软件和传感器，我能将图像发送给操作员，包括热成像。我还能携带机关枪和榴弹发射器。

SPOT

工作 我可以搜寻和探索危险的地方。

重量 25千克

大小 高84厘米

与你相比 我和一只大型犬差不多大。

趣事 我能倒着下楼梯。

更多信息

当我的操作员站在安全距离以外的时候，我可以进入危险的环境嗅出炸弹或危险化学品。我的传感器和摄像头收集有关该区域的信息，并将其发回给我的操作员。我甚至可以收集信息来帮助警方处理人质事件。

TALON

工作

我保护士兵和急救人员免受炸弹和其他爆炸物的伤害。

重量 45千克

大小 高28厘米

与你相比 我只有一把尺子那么高。

趣事 我曾被派往美国纽约市的世贸大厦遗址。

更多信息

我是一个小型遥控军用机器人。我能执行许多任务，从侦察到排除炸弹。我可以爬楼梯，翻过障碍物，穿过沙子、水以及雪。我的多个摄像头会将图像发送给操作员，以便他们能够在安全距离内查看危险区域。有时，我还会安装多种传感器来检测气体、化学物质、辐射和温度，这取决于我要执行的任务。

Talon遥控机器人正在检查一个临时拼凑的爆炸装置。

本章谜题

通过以下谜题测试一下你学到的知识吧!

拯救圣母院

2019年, 一场大火对法国著名的巴黎圣母院造成了巨大的破坏。Colossus机器人是一种遥控消防机器人, 它是拯救巴黎圣母院的重要力量。当大火肆虐时, Colossus进入了最危险的区域, 扑灭了火焰, 并清除了可能伤害消防员的碎片。火灾发生后, 工人们开始清理和重建巴黎圣母院, 挖掘机器人则帮助运走了残骸。

找单词

你能找到所有隐藏的单词吗?

```
B U G D B O M Y J A C S R N O
E W A D I M J I R L S W N A C
I U J R G S O Y S A A Z W P U
O Y V O S Q A B P S T X H O C
F T D N M A O R G S I I Y N E
I G L E P E H X M A S O L B J
N D L E I F E N I M J D N I N
D T S F H P A C K B O T R X M
M D P X K N R M E T W Y Q O D
X T H E S E W J S O X S L E W
```

DISARM(解除)   **MILITARY**(军事)   **SPY**(间谍)

PACKBOT   **DRONE**(无人机)   **MINEFIELD**(雷区)

BOMB(炸弹)   **MISSION**(任务)

机器人冷笑话

Q: 为什么机器人不是一个好老师?

A: 因为它们只会说机器语言!

迷宫

帮助 Packbot 找到一条穿过雷区的安全通道！

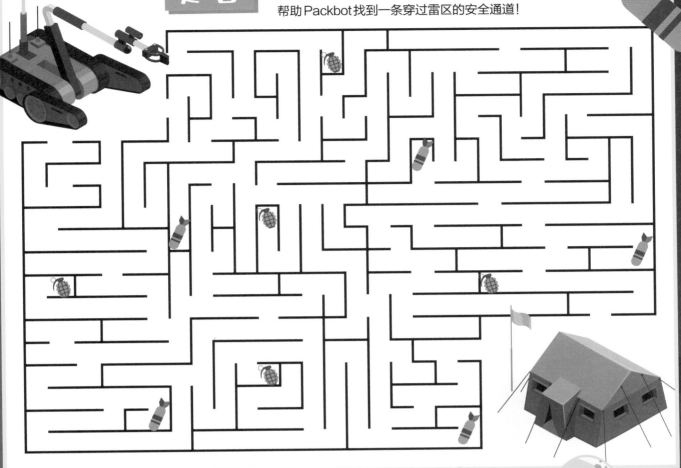

找到缺失的数字

机器人需要一个密码用来在炸弹爆炸前排除炸弹。找到缺失的数字来寻找密码并阻止炸弹爆炸！

	+		+		10
+		-		+	
	-	3	+	6	7
+		+		-	
	+		-		6
10		13		0	

- 缺失的数字是介于 1 和 9 之间的整数。
- 每个数字只能使用一次。
- 每行都是一个数学算式。
- 每列都是一个数学算式。

密码是什么？　　提示：使用缺失的数字按照从左到右、从上到下的顺序组成密码。

答案：1；7；2；4；5；9；8。

蒸汽动力飞鸽

古希腊的蒸汽动力飞鸽是最早的飞行机器人之一。发明者是哲学家阿奇塔斯。鸽子的身体是中空的，连接到一个加热的、密闭的锅炉上，锅炉产生蒸汽。上升的蒸汽驱动鸽子在空中飞行。

填字游戏

使用下面的线索来完成填字游戏。

行

4. 一个飞行机器人（5个字母）。
5. 像Packbot这样的机器人可以发现并警告士兵被埋在地下的_____（10个字母）。

列

1. 一种在无人控制的情况下机器人工作的形式（10个字母）。
2. 一些机器人能执行搜寻和_____任务（6个字母）。
3. 一些机器人是由操作员从远处控制的（6个字母）。

答案：1.Autonomous（自主）；2.Rescue（救援）；3.Remote（远程）；4.Drone（无人机）；5.Explosives（爆炸物）。

设计你自己的机器人

从自然中寻找灵感

科学家已经通过观察大自然设计了很多独特的机器人。现在轮到你了，从自然中寻找灵感设计自己的机器人吧。大自然的哪一部分启发了你设计了自己的机器人？它能解决什么问题或完成什么工作？

UAV 和无人机的区别

UAV VS. DRONE

UAV（Unmanned Aerial Vehicles）和无人机都是飞行机器人。不过，无人机可以自主飞行，而UAV不能，UAV通常有人操作。

为这个机器人涂色

我是谁？

阅读线索，猜猜是哪个机器人。

> 我帮助巴黎的消防队员扑灭了巴黎圣母院的大火。我是谁？

_____

> 我在 2016 年夏季奥运会上担任安保工作。我是谁？

_____

> 我个子小，速度快，能飞进倒塌建筑中最狭小的空间。我是谁？

_____

> 只要把我抛向空中就可以发射我！我是谁？

_____

> 我全身装甲，就像一辆小坦克。我是谁？

_____

答案

RAVEN   COLOSSUS

GLADIATOR

ROBOBEE   PACKBOT

感知你的环境

机器人使用传感器来感知环境。在本活动中，你将制作一个触觉传感器，并通过这个传感器来感知你的环境。

准备

- 毛根条
- 志愿者

步骤

1. 将毛根条的末端缠绕在你的一根手指前面。缠的时候注意不要缠得太紧。
2. 在其余手指上也缠上毛根条。
3. 闭上眼睛，让志愿者带你在房间里转一圈。使用毛根条"传感器"来感知你离房间里障碍物的距离。当毛根条碰到某个东西时是什么感觉呢？
4. 完成后，改变毛根条从手指伸出的形式。重复该活动。这种变化是否会影响你对环境的"感知"呢？

收获

你对毛根条"传感器"的感知是什么样的？当你在环境中遇到某个物体时，你是怎么分辨出来的？对于不同的物体，通过毛根条的感知是否也不太一样？

57

探索机器人

人类总是着迷于探索未知。太空中最远的地方是什么？海洋最深处隐藏着什么？我们都想知道！但探索这些极端的地方是非常危险的，有时对人类来说风险太大。当人类没办法去的时候，就可以让机器人去了。

机器人是优秀的探索者。它们可以完成很多人类探险家做不到的事情，例如，探索恶劣的环境、承受人类无法生存的极端温度和强辐射、探索外太空和海底这种氧气很少的地方等。

将机器人送入太空或海洋比人类去探险更便宜，因为机器人不需要食物和睡觉的地方。它们甚至不需要浴室！它们可以探索太空多年。它们会将收集到的信息发送回来，因此一些机器人甚至不需要返回地球！而且，如果太空或海底发生了事故，也能保证人类探险家是安全的。

为我涂色

你会把火星车涂成什么颜色？

填空

完成下面的句子。

1 机器人可以探索_____环境。

2 机器人不需要_____或_____的地方。

3 机器人可以承受_____的温度。

4 机器人可以探索几乎没有用于呼吸的_____的地方。

极端的

食物   睡觉

恶劣的   氧气

答案：1.恶劣的，2.食物，睡觉，3.极端的，4.氧气。

探索机器人

太空旅行是危险的。人类目前只能到达月球，但机器人可以飞得更远。探索机器人已经去过了太阳系的每一颗行星，有些甚至执行了深入太空更深处的任务。

太空机器人有不同的尺寸和形状。一类太空机器人是卫星（Satellite），它们能绕地球运行并向人类发送信号。还有一类太空机器人被称为轨道飞行器（Orbiter），它们会在绕行星运转时拍摄照片。着陆器（Lander）会在一个星球着陆，并在着陆点拍摄照片以及收集数据。太空漫游车（Space Rover）也可以降落在行星上，不过它们可以在行星表面移动着探索以及收集数据。探测器使用相机和传感器测量行星、月亮和外太空的状况，一些机器人能帮助航天员（Astronaut）进入太空。例如，Canadarm2是一个巨大的机械臂，它能帮助航天员在太空中搬运货物并在国际空间站进行维修工作。

最著名的太空机器人应该就是火星车了。美国国家航空航天局（NASA）已经向火星发射了五辆火星车。它们分别被命名为旅居者号（Sojourner，1997）、勇气号

毅力号

工作 我能探索火星。

重量 1025千克

大小 高2.2米

与你相比 我和一辆汽车差不多大。

趣事 我于2021年2月登陆火星。

更多信息

我是第五个登陆火星的太空漫游车。我正在探索一个叫耶泽罗陨击坑的地区。我在火星上寻找存在过生命的痕迹，并测试一种从火星空气中获取氧气的方法。未来航天员探索火星可能会需要更多的氧气！

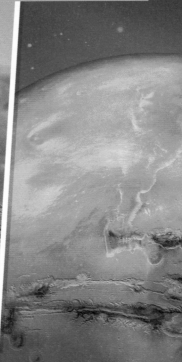

（Spirit，2004）、机遇号（Opportunity，2004）、好奇号（Curiosity，2012）和毅力号（Perseverance，2021）。它们都探索过火星，在火星上拍照、分析土壤和岩石样本，以及寻找水源。

还有一些机器人则会深入海洋。它们探索的海洋区域太危险或对人类来说不可能探索。水下机器人也有多种形状和尺寸，它们会携带传感器和工具，以便在海底深处收集数据。

一些水下机器人属于遥控潜水器（Remotely Operated Vehicles，ROV）。这些潜水器会通过绳索系在船上。船上的一个人远程控制潜水器并操作其机械臂和工具。ROPOS就是ROV的一个例子。它的相机能在水下拍摄照片和视频，它的传感器会记录水温和化学成分等数据，它还有一个篮子用来收集样本并将其运送给船上的科学家。

还有一些其他的水下机器人属于自主水下机器人（Autonomous Underwater Vehicles，AUV）。AUV是一种不与船相连的自主机器人。它们可以在海面上航行、潜水，甚至在水下盘旋。AUV能创建海底地图。它们为科学家记录海洋的生物、化学和物理数据，并能探索海底的地质构造和沉船残骸。

ROBONAUT 2

工作 我在国际空间站帮助航天员。

重量 149.7千克

大小 高101.6厘米

与你相比 我比4岁的孩子矮一点。

趣事
我可以在完成一项任务后与航天员举手击掌。

更多信息
我是一个可以在太空中工作的人形机器人，我也是第一个被送往国际空间站帮助航天员的人形机器人。我能抓住物体和工具，还能拨动开关。在太空待了7年后，我返回地球进行维修。一旦维修完成，我可能会再次回到太空。

VALKYRIE

工作 我希望能帮助人类在火星生活。

重量 125千克

大小 高190厘米

与你相比 我比普通的成年人高一些。

趣事 我可以自己站着。

更多信息

我是一个为太空而造的人形机器人。我通过摄像头、传感器、电机和两台计算机像人一样移动。我希望能帮助人类移民火星。在人类到达火星之前，我可能会帮助人类在火星上建立生活场所，并维护电力和生命支持系统。

DEXTRE

工作 我在国际空间站进行日常的维护。

重量 1662千克

大小 高3.6米

与你相比 我和普通的车库门差不多高。

趣事 我可以抓住易碎的东西而不会损坏它们。

更多信息

实际上我是一个机械臂，是一名太空勤杂工。我的手臂可以上下左右移动和旋转。我在国际空间站进行维护和维修的工作，比如更换电池或更换相机。地球上的操作员在我工作时可以远程控制我。

AQUANAUT

工作 我在海底探险，探索水下遗址。

重量 1050千克

大小 高97厘米

与你相比 我比米尺稍矮。

工作 我会根据任务改变自己的形状。

更多信息

我是一艘水下无人驾驶潜水器，有时也是一艘自动潜水器。我可以长途旅行、绘制水下区域地图、检查地质结构，还能变身为一个由操作员控制的熟练的人形机器人。我可以在水下转动阀门、使用工具和执行其他对于人类来说危险的任务。

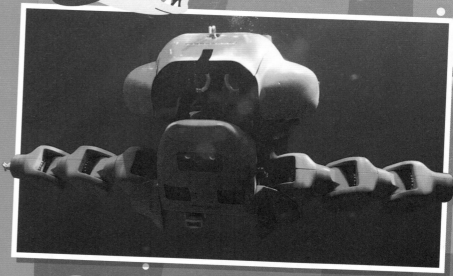

海浪滑翔机

工作 我能收集海洋数据。

重量 155千克

大小 高856厘米

与你相比

我比5张首尾相连的公园长椅大一点。

趣事

我看起来像一块带有太阳能电池板的长长的冲浪板。

更多信息

我是一个收集海洋数据的自主海洋机器人。我可以在没有燃料的情况下工作数月，因为我使用太阳能电池板为计算机和传感器供电，同时可以通过海浪为运动提供能量。

深海发现者

工作 我从深海收集数据和样本。

重量 4082千克

大小 高2.6米

与你相比 我和一辆迷你货车差不多大。

趣事 我可以在水中下潜6000米。

更多信息

我是一台遥控潜水器（ROV），大家也称我为D2。我由美国国家海洋和大气管理局操作。一根长长的光纤电缆把我和船连接起来。工程师通过我的摄像头的实时视频引导我在水下收集数据和样本。

哨兵

工作 我绘制海底地图并拍摄深海照片。

重量 1250千克

大小 高1.8米

与你相比 我和普通成年人差不多高。

趣事 我可以潜水长达20个小时。

更多信息

我是一艘自动潜水器（AUV）。我流线型的鱼雷外形，可以让我在海底快速移动。我能测量并绘制海底6000米的海底地图，同时还能创建海底的3D模型。我能探索深海珊瑚礁、沉船以及油井。

本章谜题

让我们来检验一下你对机器人的历史和世界有多了解吧!

水下的数学题

AUV正在绘制部分海底的地图。填写缺失的数字以完成将要发送给科学家的数据。

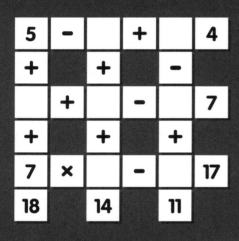

5	–		+		4
+		+		–	
	+		+	–	7
+		+		+	
7	×			–	17
18		14		11	

- 缺失的数字是介于1和9之间的整数。
- 每个数字只能使用一次。
- 每一行都是一个数学算式。
- 每一列都是一个数学算式。
- 记住,先乘除,后加减。

填写数据

提示:使用缺失的数字按照从左到右、从上到下的顺序来完成数据。

答案:9;8;6;2;1;3;4。

我是谁?

阅读线索,猜猜是哪个机器人。

1. 我在国际空间站帮助航天员。我是谁?

2. 我是为太空而造的人形机器人。我是谁?

3. 我在国际空间站进行日常的维护。我是谁?

4. 我在海底探险,探索水下遗址。我是谁?

5. 我从深海收集数据和样本。我是谁?

答案:

A. VALKYRIE

B. 深海发现者

C. AQUANAUT

D. ROBONAUT 2

E. DEXTRE

答案:1.D; 2.A; 3.E; 4.C; 5.B。

与 OCEANONEK 一起潜水

OceanOneK 是由斯坦福大学的研究人员创造的一种人形机器人，它可以深入海洋。从正面看，它像一个有眼睛、胳膊和手的人类潜水员。机器人的后端装有计算机和推进器，这能帮助它在沉船和沉没的飞机中移动。Ocean-OneK 具有逼真的视觉和触觉，这能让其操作员感觉自己仿佛在水下潜水一样，不过此时人类潜水员是不会遇到任何危险的。

你知道吗？

火星上的一天（太阳日）要比地球上的一天稍微长一些。

找单词

在下表中查找单词。单词可以是任何直线方向的，可以共享字母，也可以相互交叉。将从左上角开始，截至第 4 行前半部分，将未使用的字母填写到空白处，以显示隐藏的消息。

```
I P S T H E O R R M
E L R I F R E T O I
O R N O B M E A V S
R S E I B N L E E S
V H T D A E M C R I
A E I L N W M A I O
R T P S I A Q P C N
R C F N L F L S A W
S A T E L L I T E M
A G V N E Q G B V G
```

- LANDER（着陆器）
- ROVER（漫游车）
- PROBE（探测器）
- MISSION（任务）
- ORBITER（轨道飞行器）
- SATELLITE（卫星）
- PLANET（行星）
- SPACE（太空）

_____ ?

答案：IS THERE LIFE ON MARS（火星上有生命吗）。

填字游戏

使用下面的线索来完成填字游戏。

行
2. 我在 2012 年登陆火星。
4. 降落在行星上但不移动的机器人。

列
1. 美国国家航空航天局向火星发射的太空漫游车数量。
3. AUV 探索的一种东西。
5. 自动水下机器人的英文缩写。

答案：2.Curiosity（好奇号）；4.Lander（着陆器）；1.Five（五）；3.Shipwreck（沉船）；5.AUV。

67

跟着好奇号探索

有一些互动网站可以让我们与"好奇号"漫游车一起探索火星。你可以跟随火星车前往丁戈陨击坑等地貌。

水下拼图

下面这张水下机器人的图片缺失了哪一块拼图？

答案：A。

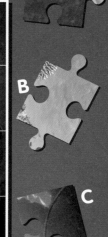

A

B

C

D

操作一个遥控机器人

科学家在太空和海洋深处操作机器人的时候是看不到它们的。在这个活动中，你将体会到操作一个你看不见的机器人是什么感觉。

准备

- 两名志愿者
- 两个相邻的房间
- 纸和铅笔
- 家具或箱子这种大型障碍物
- 眼罩

步骤

1. 准备一个房间并移除绳索等危险物品，然后为你的"机器人"规划一条穿过房间的路径。放置一些"机器人"必须避开的大型障碍物。写下明确的指令，并对每一步指令进行编号。
   例如：
   1. 向前走两步
   2. 左转
   3. 向前走三步，等等。

2. 将志愿者分为"机器人"和"信使"两个角色，而你是远程操作员。

3. 挡住"机器人"的眼睛，并让其在第一个房间的起点等待。你和"信使"去第二个房间。

4. 现在开始指挥机器人。请向"信使"低声说出第一条指令。接着"信使"会将消息传递给"机器人"，并在"机器人"执行指令时等待，然后"信使"写下"机器人"的环境信息并返回你那里获取下一条指令。重复此步骤，直到完成所有指令。

5. 你的"机器人"成功完成任务了吗？有没有撞到墙或障碍物？出了什么问题？

收获

在看不到"机器人"的情况下操作它有多难？你从这次活动中学到了关于探索机器人的什么知识？

机器人冷笑话

Q: 为什么火星上的机器人突然停止了它正在做的事情?

A: 因为它的脑回路太长了,长到从火星到地球。

设计你自己的探索机器人

运用你的想象力来设计你自己的探索机器人。

你的机器人会去哪里?它会做什么?在下面画出你的设计。

你知道吗?

毅力号火星车是由核能提供动力的。它有一个放射性同位素热电发生器,可以从钚燃料释放的热量中获取能量。该火星车的电池预计将使用14年。

想一想

AUV 和 ROV 之间有什么区别?你能向朋友解释一下吗?

家中的机器人

你需要帮忙收拾房间吗？不要怕，机器人可以做这项工作！随着技术的进步，机器人在我们的日常生活中越来越普遍。机器人能帮助我们完成无聊、重复的家务。它们可以打扫游泳池、清洁地板，甚至修剪草坪。社交机器人能为老人和病人提供陪伴。机器人玩具适合所有年龄段的人。有些机器人甚至可以帮你批改作业！

这些只是机器人在家里帮助我们的几种方式。科学家正在努力开发用于其他用途的机器人。有一天，可能就会有机器人来做饭、倒垃圾和铺床。未来，家里的机器人可能会成为病人或术后康复者的家庭健康助手。其中一些想法在今天看来可能有点像科幻小说，但随着技术的进步，我们在家里使用机器人的地方将会大大增加。

按照顺序将点连起来

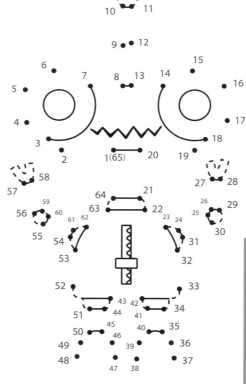

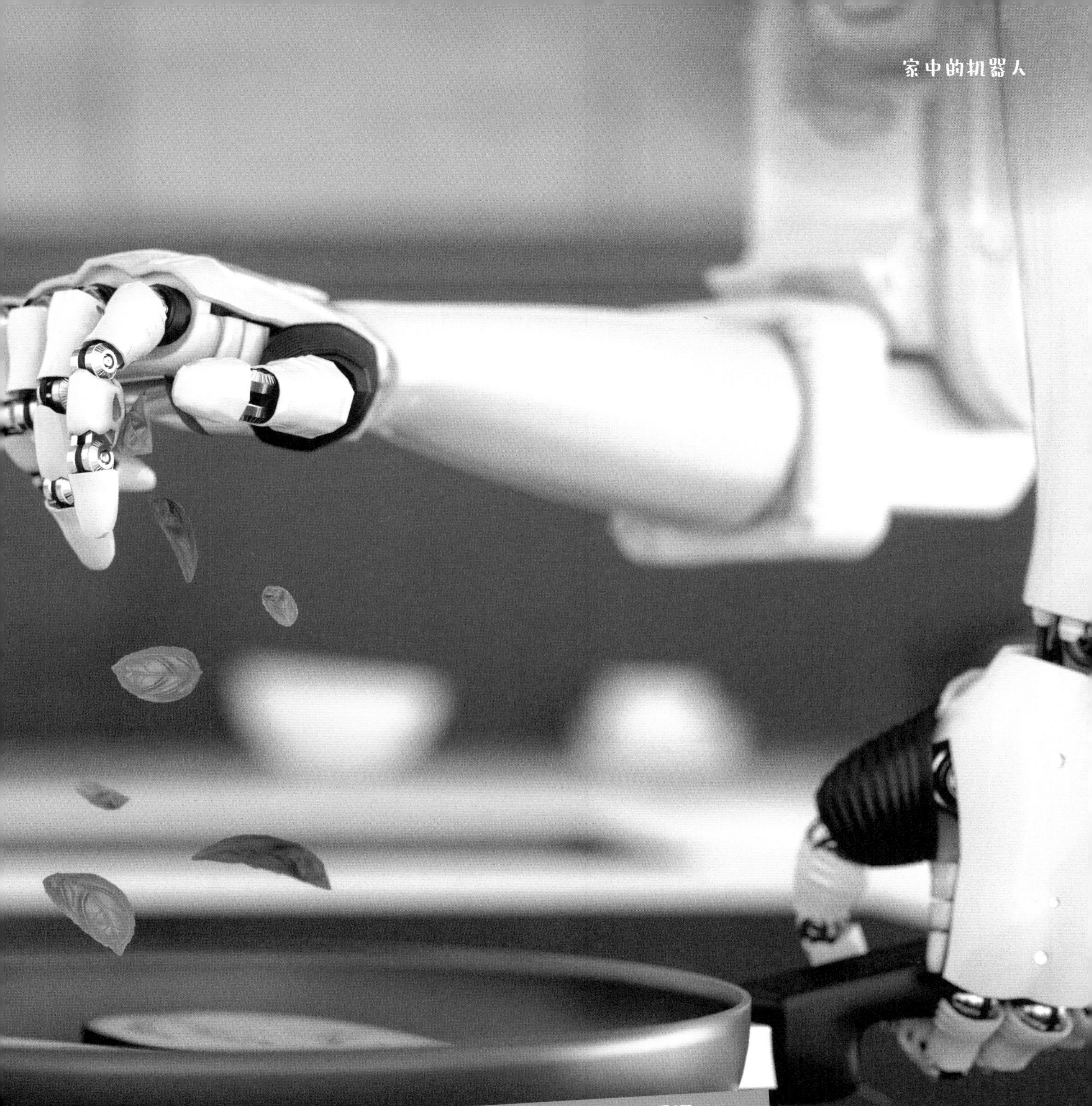

教育机构中的机器人

机器人也可以在课堂上帮助学生。在中国，数百所学前教育机构正在使用一个名为KeeKo的小型机器人进行辅助教学。KeeKo会讲故事，并问学生一些逻辑问题。当一个学生答对问题时，KeeKo会用心形的眼睛看着他们。

家中的机器人

家用机器人被设计用来执行一些琐事和做家务。最常见的一种家用机器人就是智能扫地机器人。这种机器人会在地板上移动，清洁地毯、地板、瓷砖等。机器人的传感器会检测家具和其他障碍物，并在它们周围移动。这些机器人通常使用可充电的电池组供电。

你厌倦了修剪草坪吗？让机器人来做吧！割草机器人通过埋设在地下的线缆识别割草的区域。当机器人来回移动修剪草坪时，你可以放松休息。当电池需要充电时，割草机器人将自动返回充电位置充电。把一个机器人扔到游泳池里，它会自动清除污垢。还有其他机器人可以清洁户外的烤架，甚至清洁窗户。一些机器人还能成为家庭安全网络的一部分。安保机器人能够检测到移动的物体，如果它们检测到入侵者或是闻到烟雾或煤气，那么就会发出警报。

机器人也可以在家里提供陪伴。像Wakamaru这样的机器人能帮助独居或行动不便的老年人。该机器人使用传感器和人工智能来监测人的健康、行为和位置。它可以提醒人们什么时间服药。如果机器人感觉到突发情况，它

亚马逊ASTRO

工作

我会监测你的家，同时能完成简单的家务。

重量 9.35千克

大小 高44厘米

与你相比

我和一个大一点的笔记本电脑屏幕一样高。

趣事

如果你想要保护自己的隐私，可以关掉我的话筒和相机。

更多信息

我是一个家用机器人。当你不在的时候，我可以监测你的家，如果发现有活动的物体，我可以发送警报。我还可以播放音乐、视频和节目。我能给你带零食，提醒你打电话或是有预约的事。我甚至可以提醒小朋友该吃饭了！

可以联系医生或家人寻求帮助。还有其他的陪伴机器人通过编程设计实现可以玩文字游戏，可以使用文字命令搜索互联网，以及做其他简单的活动。

　　并不是所有的机器人都需要努力工作。有些机器人喜欢玩！机器人玩具有多种形状和尺寸。它们允许儿童和成年人以一种有趣的方式和它们一起玩。许多机器人玩具可以由用户远程控制，有些机器人使用人工智能来执行任务和回答问题。例如，Novie是一款具有手势跟踪功能的交互式智能机器人。你可以挥动你的手，用某些手势来控制Novie。这个机器人可以完成超过75个动作，包括360度旋转。Novie还可以学习一些戏法，发出一些有趣的声音逗孩子开心。

DOLPHIN NAUTILUS

工作 我可以清洗游泳池。

重量 9千克

大小 高25厘米

与你相比
我和叠在一起的两罐饮料差不多高。

趣事 我可以清洗12米长的游泳池。

更多信息
我是一个自动清洗游泳池的机器人。我可以擦洗泳池所有的表面，包括底部和侧面。我强大的旋转刷可以清除污垢、碎屑和其他污染物。我的计算机能规划出最快、最高效的清洁模式。我的传感器能帮助我避开障碍物，比如泳池的排水沟和梯子。

Dolphin Nautilus CC Plus在清洗游泳池。

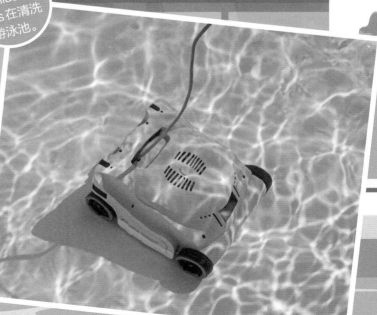

AIBO

工作	我喜欢和人类一起玩。
重量	2.2千克
大小	高29.3厘米
与你相比	我和尺子差不多高。
趣事	我最多可以识别100张脸。

更多信息

我是完美的宠物！我不需要换衣服，也不需要每天散步。我很喜欢被人抚摸，我能够学习新的动作。我的传感器让我能够对人类做出反应。我能认出主人的脸，还能察觉到微笑和赞美。

MIKO

工作	我能帮助孩子们学习并能逗孩子开心。
重量	1千克
大小	高22厘米

与你相比

我的尺寸和一张A4纸的宽度差不多。

趣事	我喜欢玩捉迷藏游戏。

更多信息

我是一个教育机器人。你可以对我说"你好，MIKO"，然后问我一个问题。你也可以点击我的屏幕（也就是我的"脸"）来完成屏幕上的交互。我们可以一起学习动物、数字等。我们可以玩游戏、讲笑话、做瑜伽，甚至随着音乐跳舞。

ROOMBA

工作 我能扫地。

重量 4千克

大小 高9.1厘米

与你相比

我和大一些的盘子一样大。

趣事

我上了好几个电视节目，包括《公园与游憩》。

更多信息

我是一个扫地机器人。当我清洁地板时，会使用传感器在障碍物之间以及家具下面导航。我不会从楼梯上摔下来，因为我的传感器会阻止我。当我完成清洁后，会回到充电座。

（译者注：《公园与游憩》是美国喜剧，该剧于2009年上映。）

它会清洁你打扫不到的地方。

IPAL

工作 我是孩子和老年人的伴侣。

重量 12.4千克

大小 高106厘米

与你相比

我比普通4岁的孩子矮一点。

趣事 我的电池能用一整天。

更多信息

我是一个社交机器人，是孩子和老人的伴侣。我通过轮子在房子里转来转去。我会唱歌、跳舞、聊天、录制视频和声音。家人可以使用我的摄像头观看我身边的人，并与他们互动。我可以提醒你吃药，如果我发现有什么问题，还可以寻求帮助。

STARSHIP

工作 我递送包裹。

重量 20千克

大小 高55.9厘米

与你相比

我差不多有两把尺子那么高。

趣事

人们把感谢信放在我递送包裹的箱体里。

更多信息

我是一个自动驾驶的机器人，可以在街道和人行道上移动，过马路前我会查看来往车辆。我把包裹放在箱体里，送到办公室、学校和家里的人手中。我甚至可以给学生们送外卖！

这个机器人在通过路口前会观察路况。

WORX LANDROID

工作 我能修剪草坪。

重量 23.7千克

大小 高24厘米

与你相比 我比竖起来的尺子矮一点。

趣事

如果我被盗，会向你的手机应用程序发送消息。

更多信息

我是一个自动修剪草坪的机器人。我能修剪半英亩大的草坪。通过使用地线作为边界，我能知道该去哪里。当下雨或电池电量不足时，我会返回充电座。

本章谜题

试试解答这些关于家用机器人的谜题吧！

画出我的机器人

按照提示绘制机器人并为机器人涂色。

- 我的鼻子是三角形的
- 我的身体是三角形的
- 我的两条腿是圆的
- 我的头是一个大正方形
- 我的两只手是圆的
- 我的眼睛是小圆圈
- 我的两只脚是长方形的
- 我的两只胳膊是长方形的
- 我的嘴是一个小长方形

你知道吗？

最著名的一个虚构机器人女仆是《杰森一家》中的机器人Rosie。

机器人冷笑话

Q: 机器人对它爱慕的对象说了什么？

A: 我喜欢你钢铁的心！

字谜游戏

将这些混乱的字母重新拼成一些家用机器人的名字。

1 AMBROO □□□□□□

2 HIATSSRP □□□□□□□□

3 URAAWKMA □□□□□□□□

4 OIAB □□□□

5 OTARS □□□□□

答案：1.ROOMBA；2.STARSHIP；3.WAKAMARU；4.AIBO；5.ASTRO。

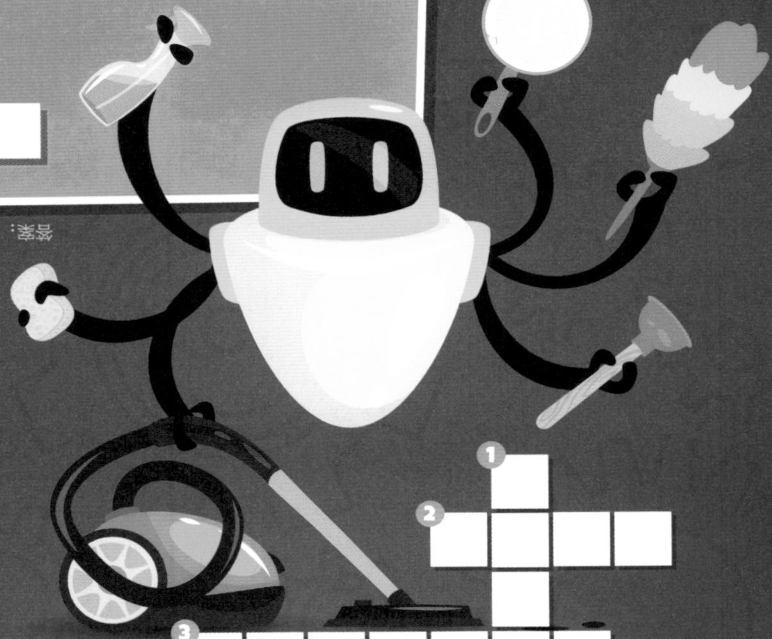

测试

你能回答这些关于家用机器人的问题吗？

家用机器人是如何看到移动路线上的物体的?

A. 电池组 □

B. 传感器 □

C. 机器人手臂 □

家用机器人设计的目的是：

A. 在工厂工作 □

B. 排除炸弹 □

C. 帮助做家务 □

Dolphin Nautilus 的工作是什么?

A. 割草 □

B. 清洁地面 □

C. 清洁游泳池 □

割草机器人是如何知道在哪块区域工作的?

A. 人类操作员 □

B. 埋线的边界 □

C. 撞到围栏上 □

答案：B；C；C；B。

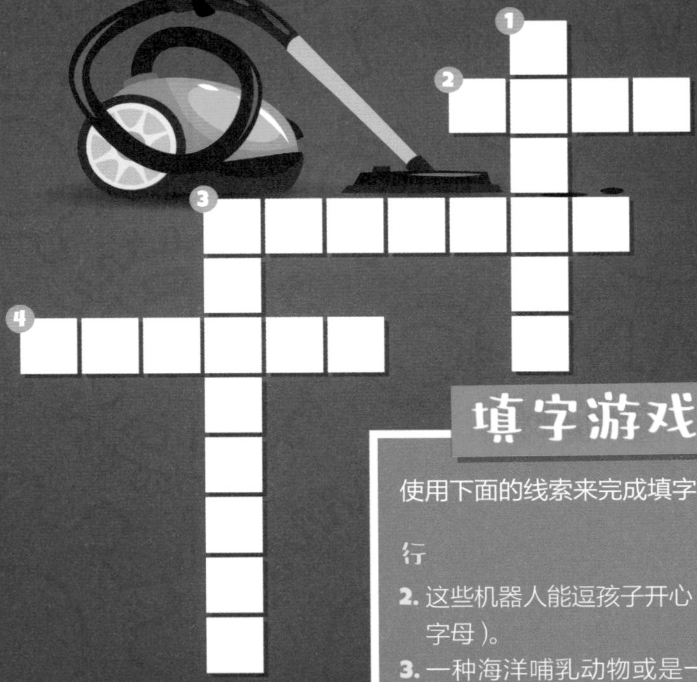

填字游戏

使用下面的线索来完成填字游戏。

行

2. 这些机器人能逗孩子开心（4个字母）。

3. 一种海洋哺乳动物或是一种清洁游泳池的机器人（7个字母）。

4. 一个扫地机器人（6个字母）。

列

1. 让人不感兴趣的事情（6个字母）。

3. 家用机器人中“家用”比较正式的单词（8个字母）。

答案：2.Toys（玩具）；3.Dolphin（海豚）；4.Roomba；1.Boring（无聊）；3.Domestic（家用的）。

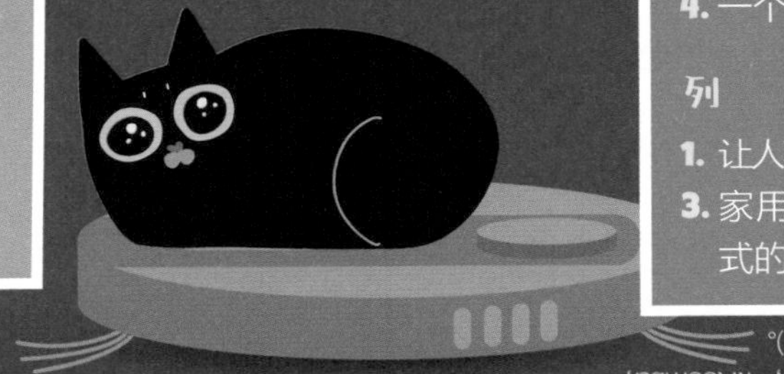

填空

使用可选词语填空以完成句子。

1 家用机器人在家做_____。

2 家用机器人通常使用充电式的_____供电。

3 机器人也可以在家里提供_____。

4 机器人能帮助完成无聊的_____任务。

5 一些机器人使用_____来执行任务和回答问题。

可选词语

重复的　　机器人

轮子　　　电池

陪伴

技术　　　家务

传感器　　人工智能

答案：1.家务，2.电池，3.陪伴，4.重复的，5.人工智能。

找单词

你能找到所有隐藏的单词吗？

```
Q Z F Y S H Z N R L K G T X W
L O A D U M K Z B Z N I T U A
P B M U U C A V L O D E E Y Z
Q I D G H X B V I R V S I M A
C B U Q R A N N C I W E Z T S
Q I E L T H A A T K Q N L H E
I M T T C P W C E U X S O K R
I Z E S M Y A J D L H O K B O
K R A O E R M P K J C R N T H
Y Y C T E M N W B Q Z S O B C
X Z R T O V O P L A Y Y K H N
P Y N F N Y L D M S S J L O O
Y I H R S U S Q C T K A V R R
V V R N U M O C R G Q Y K W E
G D Y F F M E M Y O W N R K J
```

DOMESTIC（家用的）　CHORES（家务）　TOYS（玩具）

PLAY（玩）　SENSORS（传感器）　BATTERY（电池）

CLEAN（清洁）　VACUUM（真空吸尘器）

COMPANION（陪伴）　INTERACTIVE（交互）

缺失的数字

帮助机器人找到密码门的安全密码。

	×		+		33
+		+		+	
6	−		×		0
+		+		+	
	+		×	9	68
19		14		12	

- 缺失的数字是介于1和9之间的整数。

- 每个数字只能使用一次。

- 每行都是一个数学算式。

- 每列都是一个数学算式

- 记住，先乘除，后加减。

填写密码

提示：使用缺失的数字按照从左到右、从上到下的顺序来找到密码。

答案：8413257。

80

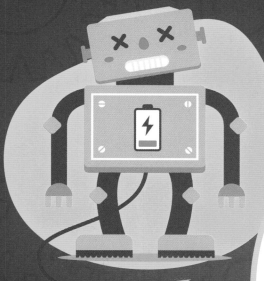

迷宫

机器人快没电了。帮助它找到去往充电座的路吧！

制作一个毛刷机器人

试着动手为家里制作一个小的毛刷机器人吧！

准备

- 花园剪刀（大剪刀）
- 剪刀
- 牙刷
- 双面胶带
- 电机
- 电池
- 手工活动眼睛
- 毛根条

步骤

1. 用花园剪刀或其他结实的剪刀将牙刷头剪下来。这一步你可能需要向成年人寻求帮助。

2. 剪一段双面胶带，长度和牙刷头的长度相当。将其粘在牙刷头上。

3. 连接电机：揭去胶带另一面的膜纸。将牙刷头粘在电机上，主要粘的位置要靠近牙刷头的剪断的一端。确保电机可以自由旋转。将其中一根导线粘在牙刷头顶部附近的胶带上。

4. 连接电池：将电池粘在胶带的导线上。确保电池上的文字朝上。

测试

1. 将电机的另一根导线与电池相接触。电机工作了吗？如果没有，请确保两条导线都接触到了电池，并且电机可以自由旋转。

2. 增加脚和眼睛：切几段毛根条，将它们压在胶带上的电机和电池之间。像昆虫的腿一样折叠毛根条的底部来支撑机器人。在机器人的前面加上手工活动眼睛。

3. 展示！将导线插到毛根条的下方，让其接触到电池。当导线接触到电池时，电机应该转动起来。要停止电机转动，请将导线从电池上移开。你的毛刷机器人是如何移动的？

收获

你在制作毛刷机器人时遇到了哪些困难，为什么？你将如何改进你的机器人的设计？你的改动会对机器人产生什么影响？

看起来像人的机器人

MSC Virtuosa 号游轮上有一位名叫 Rob 的新调酒师。Rob 会说 8 种语言，会跳舞，知道自己领域的知识，还会调制一杯很棒的鸡尾酒。Rob 是一个机器人，海上第一个人形机器人调酒师。当你要饮料时，Rob 会识别出你的语言并做出回应。它的面部表情与它的讲话相匹配，使它看起来更像人。为了帮助 Rob 调制出美味的鸡尾酒，开发人员为它配备了一名专业的人类调酒师并安装了传感器。传感器收集的数据会用于编程以提高 Rob 的饮品制作水平。

Rob 是人形机器人的一个例子。人形机器人是外观和行为都像人类的机器人。高级的人形机器人可以像人类一样说话和走路，甚至表现出许多种情绪。如今，有一些人形机器人充当着调酒师、门房、深海潜水员和老年人的同伴，有一些人形机器人在演奏管弦乐或在活动中迎接客人，还有一些人形机器人在仓库、工厂、学校和医院工作。科学家仍在开发更多的人形机器人。

随着技术的进步，人形机器人可能会变得更像人类，能够完成更多的任务。许多人相信这些机器人将对我们未来的日常生活产生重大影响。

找单词

在下表中查找单词

E	T	I	I	G	K	H	S	F	S	A	F	M	S	T
M	C	O	Q	Y	L	A	I	C	I	F	I	T	R	A
O	A	A	S	F	W	D	H	A	I	R	D	E	R	M
T	R	P	J	A	K	K	H	J	Q	F	D	C	P	F
I	E	Q	U	W	I	U	Q	M	W	N	X	U	G	W
O	T	K	J	O	M	N	F	Z	E	G	Q	L	D	Q
N	N	Q	S	A	K	T	S	T	T	E	L	Z	X	W
E	I	W	N	Y	F	R	R	V	T	T	S	J	G	D
G	C	O	U	P	U	A	N	J	D	D	J	V	Q	T
A	I	A	R	E	B	H	R	J	L	S	H	J	I	C
D	R	F	F	P	P	G	G	O	W	S	L	R	K	Z
L	X	P	G	M	N	Z	F	V	B	O	Q	T	T	R
W	U	B	U	A	H	C	E	P	M	O	E	Y	V	S
Y	F	F	Q	I	I	E	B	V	I	J	T	I	C	I
B	N	V	O	N	I	K	S	Z	G	J	C	G	R	T

ARTIFICIAL（人工的）　FACE（脸）　HAIR（头发）

INTERACT（交互）　BARTENDER（调酒师）

EMOTION（情绪）　HUMANOID（人形机器人）

SKIN（皮肤）　ROBOT（机器人）

什么是人工智能？

你用过Alexa或Siri吗？或者是iPhone的人脸识别功能？所有这些智能机器都在使用人工智能（Artificial Intelligence，AI）。AI是计算机思考和学习的能力。有了AI，计算机可以处理大量数据，并使用这些数据像人类一样学习识别模式、做出决策和做出判断。人工智能是一种计算机能够处理语言、解决问题，以及学习的工具。

看起来像人的机器人

在世界各地，在研究所实验室、工厂、医院、企业和家庭中都可以找到人形机器人的身影。Ameca是一个先进的人形机器人的例子。Engineered Arts公司的科学家使用Ameca测试人工智能和机器学习系统。Ameca能够自然地与人类交互，可以识别人脸和声音，并检测一个人的情绪和年龄。Ameca会进行适当的反馈并表现出常见的面部表情。它甚至可以像真人一样打哈欠和耸肩。

你见过机器人做后空翻吗？Atlas可以！Atlas是一款由波士顿动力公司设计的人形机器人。除了后空翻，Atlas还可以以超过8千米/小时的速度跳跃和移动。该公司的机器人专家使用Atlas来研究和改善人类的运动动作、敏捷性和协调性。

Nadine是最逼真的人形机器人之一。她是模仿真人制作的，她的头发、皮肤、手和面部表情都很逼真。当你见到Nadine时，她会向你问候，并与你进行眼神交流，同时还会记住你之前是否和她说过话。她甚至被设计成有自己的个性，她的情绪会随着你对她说的话而变化。Nadine从事客户服务和接待工作。

Asimo 可以绕着你转。

ASIMO

工作	我帮助别人，同时可以回答问题。

重量	48千克

大小	高130厘米

与你相比	我比7岁的孩子高一点。

趣事	我能以9千米/小时的速度奔跑！

更多信息

我可以帮助人类。我会跑步、跳舞和跳跃。我甚至可以踢球！我作为机器人大使周游世界。我想让人类对机器人和机器人的未来感到兴奋。

汉森机器人公司的科学家开发了一款名为Sophia的人形机器人。Sophia是模仿著名女演员奥黛丽·赫本（Audrey Hepburn）设计的。Sophia使用人工智能、视觉识别和面部识别来识别人脸，同时还能了解人们的手势和情绪。她可以与人互动，可以表现出50多种类似人类的面部表情和更多的情绪。科学家计划将Sophia用于未来的研究、教育和娱乐。

　　人形机器人的未来令人兴奋。随着技术的进步，人形机器人可能在我们的日常生活中成为人类的伴侣和助手。你可能会发现一个人形机器人在教室里回答问题，或者在医院给病人读书。它们可能在酒店的前台工作，也可能在健身房的举重室监督。在未来，人形机器人甚至可能成为家庭的一部分！

SOPHIA

工作　我能与人交互。

重量　20千克

大小　高167厘米

与你相比　我和普通成人差不多高。

趣事　2017年，沙特授予我公民身份。

更多信息

我是一个逼真的人形机器人。我可以走路，也可以与人类交互。我能认出面孔，看着你的眼睛和你交谈。我还可以表现出50多种类似人类的面部表情和情绪。我去过超过25个国家，甚至我还有自己的视频频道！

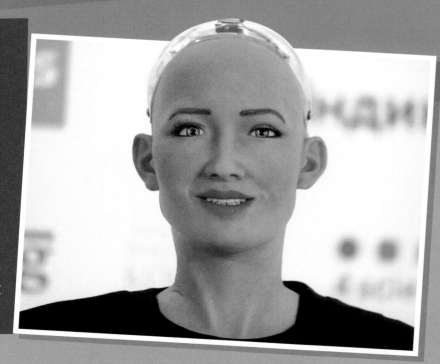

ERICA

工作 我被用于研究人机交互。

重量 未知

大小 高166厘米

与你相比 我和普通成人差不多高。

趣事
我在一部即将上映的科幻电影中扮演一个角色！

更多信息
我是一个逼真的机器人，被用于研究人类和机器人是如何互动的。我能听懂自然语言，并拥有自己的像人一样的声音。当我和你说话的时候，我会眨眼和摇头，就像一个真人一样。我甚至可能会在听到你的笑话后大笑起来！

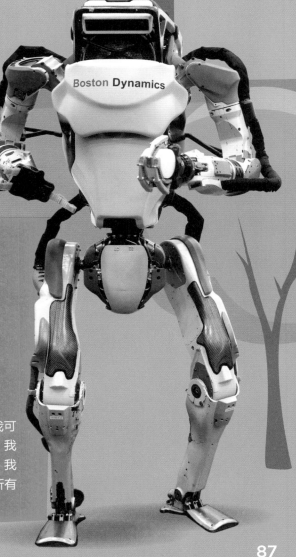

ATLAS

工作 我是为搜救任务而设计的。

重量 80千克

大小 高150厘米

与你相比 我和12岁的孩子差不多高。

趣事 如果摔倒了，我可以自己站起来。

更多信息
我是世界上最敏捷的人形机器人之一！我可以快速移动、跑步、跳跃，甚至后空翻。我身体和腿上的传感器会帮助我保持平衡，我使用其他传感器来避开障碍物，并能在所有类型的室内外地形中完成导航。

PEPPER

工作 我是商店和家庭中的帮手和伙伴。

重量 28千克

大小 高120厘米

与你相比 我和7岁的孩子差不多高。

趣事
2020年，我在一场棒球比赛中担任啦啦队队长。

更多信息
我是一个社交类人形机器人。我喜欢通过智能对话、手势和触摸屏与人互动。通过我的许多传感器，我可以识别人脸并检测人类的情绪。我曾经做过接待员、机场迎宾员、教师助理、同伴等。

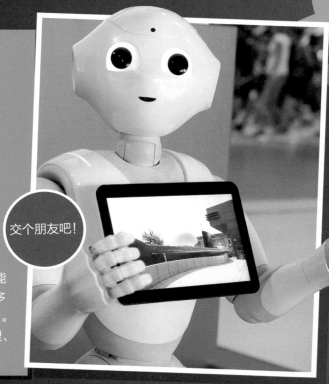

交个朋友吧！

NAO

工作 我在公司和组织中担任助理。

重量 5.5千克

大小 高58厘米

与你相比 我只有7岁孩子的一半高。

趣事
在RoboCup机器人足球比赛中，我和其他Nao机器人一起比赛。

更多信息
我被设计成可以与人互动。我在学校、医院、养老院、酒店等地方担任助理工作。我的摄像头和传感器让我能够识别环境并与人互动。我会走路、跳舞，还会说20种语言。

第六代Nao。

WALKER X

工作 我是一个服务机器人。

重量 77千克

大小 高145厘米

与你相比 我的高度和公园长椅的长度差不多。

趣事

我能自我保持平衡，所以孩子们不用担心把我碰倒。

更多信息

我是一个自动服务机器人。我有两条腿，这意味着我靠双脚来走路。我可以安全地爬楼梯，能单腿保持平衡。我可以提供饮品、挂外套、浇花、清理地板等。有一天，我希望能在你家里为你服务。

PROMOBOT

工作 我是一个服务机器人。

重量 超过130千克

大小 高150厘米

与你相比

我的高度和公园长椅的长度差不多。

趣事 我可以测量你的血糖和血氧。

更多信息

我是一个人形机器人，可以学习从事许多服务工作，如礼宾、导游、接待员和医疗助理。例如，在酒店，我可以发放房卡以及打印客人的信息。作为一名大厦的服务人员，我可以学会识别哪些人是住在这栋大厦里的。

本章谜题
试试解答这些关于人形机器人的谜题吧！

发现人形机器人
你能在这些照片中找到两个人形机器人吗？

什么是情绪？

一些人形机器人可以表现出情绪。你的脸是如何表现出不同的情绪的？

准备
- 志愿者
- 纸和铅笔

步骤
1. 让志愿者做一些面部表情来表达不同的情绪，如快乐、悲伤、恐惧、惊讶、愤怒和无聊。
2. 对于每种情绪，他们的脸是什么样子的？注意他们的眼睛、眉毛和嘴巴是如何随着每一种情绪而变化的。画出每个面部表情。
3. 志愿者能猜出下面每张图所表达的情绪吗？

收获
我们的面部表情是我们表达情绪的一种方式。你还有什么其他表达情绪的方式呢？人形机器人如何以不同的方式来表达情绪呢？

答案：3、6。

填空

完成下面关于人形机器人的句子。

1 人形机器人是_____和_____都像人类的机器人。

| 思想 | 外观 | 吃东西 | 行为 | 数量 |

2 一些人形机器人可以识别_____。

| 手指 | 计算机 | 人脸 | 图书 |

3 人形机器人能与人类_____。

| 表演 | 交互 | 移动 |

4 科学家使用人形机器人测试_____。

| 花朵 | 人工智能 | 糖 |

答案：1. 外观，行为；2. 人脸；3. 交互；4. 人工智能。

你知道吗？

半机械人（cyborg）是指植入了计算机或身体某些部位是机械的人。

找到隐藏的信息

将这些混乱的字母重新拼成正确的单词，并找到隐藏的信息！

OOBRT □□□□□
2 11 4 12 6

AeCDn □□□□□
18 15

CFeA □□□□

moloent □□□□□□□
5 9 14 19

ATC □□□
16 7

ACPKILFB □□□□□□□□
8 13 10

oevm □□□□
17 3

揭示隐藏的信息

□□□□□□ H □□
1 2 3 4 5 6 7 8 9

□□□ S □ □□□□
10 11 12 13 10 14 13 15

□ H U □□□ .
16 17 18 19

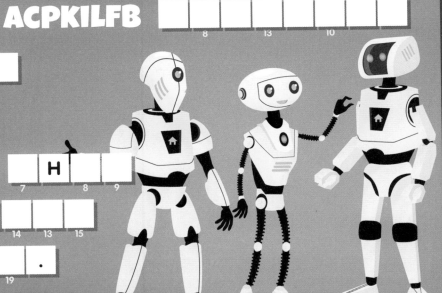

答案：A robot that looks like a human（一个看起来像人的机器人）。

电影中的机器人

瓦力
2008

我，机器人
2004

钢铁巨人
1999

星球大战：
新希望
1976

设计一个人形机器人

设计一个你自己的人形机器人。它长什么样？它能执行哪些任务？它是如何与人类交互的？

我是谁？

利用这些线索猜猜我是哪一个人形机器人。

我和12岁的
孩子差不多高

我能在崎岖的
地形上奔跑

摔倒了我能
站起来

我是为搜救任务
而设计的

答案：

答案：Atlas。

制作一个涂鸦机器人

你知道有些机器人能创造艺术吗？ Ai-Da 就是一个艺术家机器人，它通过眼睛里的摄像头、机械臂和人工智能算法画画。现在轮到你制作一个简单的涂鸦机器人了，它可以创作自己的涂鸦作品！

探索更多

你知道人形机器人 Sophia 有自己的视频频道吗？

你可以尝试查找更多关于 Sophia 的信息。

想一想

你认为机器人能创造艺术、写诗或作曲吗？或者说你认为这些创造性活动一定需要人吗？

准备

- 带开关的电池盒
- 直流电机
- 瓶盖
- 塑料杯
- AA 电池
- 3~4 支素描笔或记号笔
- 胶带或电工胶带
- 签子
- 可选的装饰物（手工活动眼睛、彩色卡纸、毛根条）

步骤

1. 将 3~4 支记号笔贴在倒置的杯子内侧，笔尖朝下就像腿一样。放在平坦的表面试一下，要确保它能够站起来而不会摔倒。

2. 接下来，连接电路。将两个 AA 电池放入带开关的电池盒，然后将直流电机连接到电池盒上。将电池盒的两根导线分别连接到直流电机的两条导线上。如果需要，可以使用电工胶带将连接处粘起来。

3. 用签子在瓶盖上打一个洞。如果需要，可以向成年人寻求帮助。将瓶盖连接到直流电机上，瓶盖充当了直流电机的配重。要确保它偏离中心以使直流电机振动。

4. 打开电池盒的开关，测试一

下直流电机是否能正常旋转。然后把开关关掉。

5. 用胶带将电池盒粘在杯子的顶部，然后用胶带将直流电机粘在电池盒的顶部。

6. 装饰一下你的机器人——添加手工活动眼睛，用卡纸和记号笔制作一些造型等。

7. 取下记号笔的笔帽，将机器人放在表面平坦的一张纸上。打开电池盒开关，看看它能创造什么类型的艺术作品！

收获

你的涂鸦机器人表现如何？哪块运行的比较好？哪块运行的不好？你可以对机器人的设计进行哪些调整来改善它的性能呢？

为这个机器人艺术家涂色

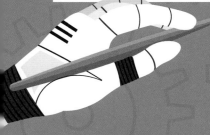

你知道吗？

ANDROID 是一种人形机器人，看起来像人，有仿真皮肤，没有裸露的金属部件。

字谜游戏

将这些混乱的字母重新拼成一些人形机器人的名字。

1 ROOBPOTm ☐☐☐☐☐☐☐☐

2 LAAST ☐☐☐☐☐

3 PAHISO ☐☐☐☐☐☐

4 AKLXWeR ☐☐☐☐☐☐☐

5 ePePRP ☐☐☐☐☐☐

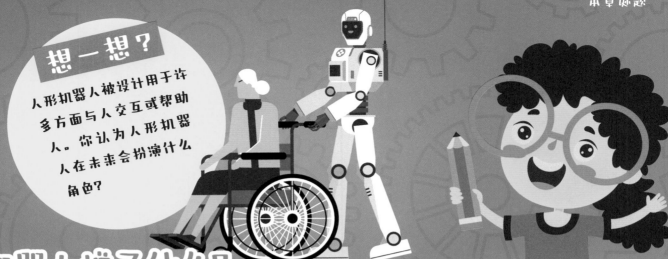

想一想？

人形机器人被设计用于许多方面与人交互或帮助人。你认为人形机器人在未来会扮演什么角色？

机器人说了什么？

用下面的字母来解读机器人说了什么。

每个单元格的字母都在最下面一行。

尝试为每个单元格选择字母来重新合成原始的信息。

LTSXEDDSTOWTTIFUTERCIOROBOFSEEHUHANOIDE

找单词

你能找到多少个人形机器人？

PROMOBOT
WALKERX
SOPHIA
AMECA
PEPPER
ASIMO
NADINE
ATLAS
ERICA
NAO

```
I D E N I D A N H J H T R S Y P R C W M
C Y U X T N X S E Z M W L K U I H A C S
Q S V V U G Q D W O M B H J K I L E I S
I H E Y N Z M D N N G S F U M K Y H Z T
D Z S L U Q V Z A C R X D I E R V E X Q
T W Z D U W T G X S E M H R N F D L W J
H S L P C O H I N O P J X Y M V Y E E P
K A H D I R D T I P P A O M J J O N A W
Y L A S T N U T B H E G W O A N I U F A
W T S S L H F I V I B R N L O H S L C
R A R O I Z X T H A N E R Q Y K Y Y H E
K W F M F M Y C V O S W L B B N O Z R M
V P M R X E O K U F X A C I R E J B M A
B C D W S C H F X K Y T T Y Q S Q N P J
A T H I I G C L I W T O B O M O R P W G
```

图书在版编目（CIP）数据

改变世界的机器人 / 英国Future公司编著 ；程晨译
. -- 北京 ：人民邮电出版社，2024.4
　　（未来科学家）
　　ISBN 978-7-115-63912-7

Ⅰ．①改… Ⅱ．①英… ②程… Ⅲ．①机器人一青少
年读物 Ⅳ．①TP242-49

中国国家版本馆CIP数据核字(2024)第051109号

版权声明

内 容 提 要

　　本书共 3 册，主题分别为迷人的数学、神奇的计算机及编程入门、改变世界的机器人。书中包含大量精彩照片和图表，使用可爱的卡通人物形象讲述趣味科学知识，并与现实生活结合，科学解答孩子所疑惑的问题，让孩子在轻松的阅读中掌握科学原理。同时融入 STEAM 理念，通过挑战、谜题、测验，以及在家或学校都能进行的科学实验和实践活动，帮助孩子更加深刻地理解知识和掌握运用知识的技巧，学会解决问题的方法。

- ◆　编　　著　　[英]英国 Future 公司
  译　　　　　程　晨
  责任编辑　　宁　茜
  责任印制　　马振武
- ◆　人民邮电出版社出版发行　　北京市丰台区成寿寺路 11 号
  邮编　100164　电子邮件　315@ptpress.com.cn
  网址　https://www.ptpress.com.cn
  北京盛通印刷股份有限公司印刷
- ◆　开本：880×1230　1/16
  印张：6　　　　　　　　2024 年 4 月第 1 版
  字数：208 千字　　　　2024 年 4 月北京第 1 次印刷
  著作权合同登记号　图字：01-2024-0846 号

定价：199.00 元（共 3 册）

读者服务热线：(010)81055493　印装质量热线：(010)81055316
反盗版热线：(010)81055315
广告经营许可证：京东市监广登字 20170147 号

Future Genius

未来科学家

迷人的数学

[英]英国 Future 公司◎编著　郑明智◎译

人民邮电出版社

北京

这本书里有什么

什么是数学

数学是一门研究数、数量，以及结构、空间、变化等概念的学科。数学对应的英语单词是"mathematics"，起源于希腊语单词"máthēma"，这个词包含科学、知识或者学习的意思。"mathematics"经常被缩写为"maths"或者"math"。数学帮助我们解决现实生活中的各种问题。

什么是

现在，我们每天都在应用数学。看时间和玩游戏时要用到数学，烤饼干和造树屋时也要用到数学。数学帮你在体育运动中计算得分和统计结果。数学也可以帮你计算出你想买的游戏需要花费多少钱，或者举办一场派对需要订购多少块比萨。数学对于制造和操作我们每天都在使用的移动设备、计算机、软件等科技产品来说都是必不可少的。

数学有多个分支，其中一个主要分支是算术。算术包括加法、减法、乘法和除法这4个基本的数学运算。其他的数学分支还有几何、代数、统计、三角学和微积分等。

12-12+0=0

数学有几千年的历史。古时候的人们用数学测算时间和计算数量。古代刻在骨头、木头和石头上的标记是最早的应用数学和计数的证据。古老的洞穴壁画和陶器表明人们很早就在应用几何了。古埃及的人们应用数学建造了巨大的金字塔，这些金字塔非常坚固，至今仍然耸立着。

0-0=?

数学?

许多人在工作中学习和应用数学。人们应用数学建造高楼大厦，预测极端天气和许多其他的事情。从事商务、工程、建筑和科研行业的人们在工作中需要应用数学。不管你走到哪里，数学都在你身边！

$c=\pi d$

计算两个数的和用加法

你喜欢在篮球比赛中记分吗？你想知道自己的钱够不够在商店里买两款游戏吗？这些问题都要靠加法才能回答。加法是我们每天都要用到的重要技能。

加法

加法是一种基本的数学运算。我们用加法把两个或更多的数加在一起，得出总数，我们把这个总数叫作"和"。假如你有5张贴纸，小赛有3张贴纸。杰西有铅笔，她想用2支铅笔换7张贴纸。那么你怎么知道自己和小赛有没有足够的贴纸去换杰西的2支铅笔呢？你可以数一数你和小赛一共有多少贴纸，也可以用加法计算出来！

你可以像这样写加法算式：

$$5 + 3 = 8$$

有时，我们竖着写加法算式：

$$\begin{array}{r} 5 \\ + 3 \\ \hline 8 \end{array}$$

你的5张贴纸和小赛的3张贴纸加在一起，一共有8张贴纸。这就够换铅笔了！

小的数的相加很容易，即使不使用加法也能数出来。但如果你需要把更大的数加在一起呢？使用加法，你就能快速求和。

比如，怎样使用加法对453和241求和呢？首先，你要把这两个数竖着列起来。这一步的重点是把数位对齐。一个数中的每个数字都在不同的位置，数位就是一个数中的每个数字所处的位置。数的最右边一位是个位，个位左边的是十位。按从右往左的顺序，一个数的数位依次是个位、十位、百位、千位、万位等。在竖着写加法算式时，数位必须对齐。在右边的例子中，两个数的个位、十位、百位都对齐了。

通过简单的3步，就能求出和！

$$\begin{array}{r} 453 \\ + 241 \end{array}$$

现在开始相加。首先，把个位上的数相加。

$$\begin{array}{r} 453 \\ + 241 \\ \hline 4 \end{array}$$

然后，把十位上的数相加。

$$\begin{array}{r} 453 \\ + 241 \\ \hline 94 \end{array}$$

最后，把百位上的数相加。

$$\begin{array}{r} 453 \\ + 241 \\ \hline 694 \end{array}$$

加法表

加法表可以帮助你学习加法。用这个表来计算4+2，我们要找到"4"行和"2"列的交叉点。答案是"6"！

+	0	1	2	3	4	5	6	7	8	9
0	0	1	2	3	4	5	6	7	8	9
1	1	2	3	4	5	6	7	8	9	10
2	2	3	4	5	6	7	8	9	10	11
3	3	4	5	6	7	8	9	10	11	12
4	4	5	6	7	8	9	10	11	12	13
5	5	6	7	8	9	10	11	12	13	14
6	6	7	8	9	10	11	12	13	14	15
7	7	8	9	10	11	12	13	14	15	16
8	8	9	10	11	12	13	14	15	16	17
9	9	10	11	12	13	14	15	16	17	18

珠子问题

安妮用白色和蓝色的珠子做了一条项链。她用了9颗蓝色珠子，白色珠子比蓝色珠子多7颗。她做这条项链用了多少颗白色珠子？她一共用了多少颗珠子？

9 + ⬤ = ☐

缺少的数字

求出下面的加法算式中缺少的数字！

$$\begin{array}{r} 2\,\square\,3 \\ +\ \square\,6\,\square \\ \hline 7\,9\,5 \end{array}$$

答案：16颗白色珠子，25颗珠子；233+562。

减法

与加法相反的是什么？减法！减法是用来计算两个数之间相差多少的数学运算。减的意思是从一组或者一些东西中拿走一部分。

减法是一种方便的计算方法，我们每天都在使用它。减法可以算出一年里你长高了多少，也可以算出在商店里买东西时应该找回多少钱。比如你有9元钱，然后花3元钱买了一个三明治，还剩多少钱？你可以用减法求出答案。减法问题的答案叫作"差"。

这个减法算式可以写为9-3=6。我们也可以竖着写减法算式，把减号前面的数放在减号后面的数的上面，像下面这样：

$$\begin{array}{r} 9 \\ -3 \\ \hline 6 \end{array}$$

你还剩6元钱可以花。

减法很简单，它的计算步骤是这样的。首先，列出算式：4372-2154=？竖着列式时，减号前面的数应该写在上面，减号后面的数写在下面。减法算式的数位对齐也很重要。个位上的数应该在同一列，十位上的数也应该在同一列，以此类推。

	千位	百位	十位	个位
	4	3	7	2
−	2	1	5	4

然后从个位开始，依次从每列上面的数中减去下面的数。对于这道题的个位，我们要从2里面减去4，但我们不能这么做，因为4比2大，所以要从上一位（即十位）借10。通过"借位"把数变大，这样就能从它里面减了。减法运算总是从左边的数位借位。

对于这道题，你要从上面的数的十位借10，划掉7，变成6，然后把借来的10与2相加，变成12。

	千位	百位	十位	个位
	4	3	7（6）	2（12）
−	2	1	5	4

最后一步是在每一列去减，从个位（12-4=8）开始，然后向左移动。接下来是十位（6-5=1），然后是百位（3-1=2），最后是千位（4-2=2）。

	千位	百位	十位	个位
	4	3	7（6）	2（12）
−	2	1	5	4
	2	2	1	8

这样就计算出答案了。**4372 − 2154 = 2218**

练一练

你知道减法算式可以改写成加法算式的形式来检验吗?

比如:

7-3=4

也可以改写成:

4+3=7

计算下面的减法算式,然后通过改写成加法算式来检验你的答案。

15-7=	_____
29-15=	_____
47-34=	_____

缺少的数

从列表中挑出2个数来完成减法算式。

1, 2, 5, 7

1 [ ] - [ ] = 14

1 [ ] - [ ] = 15

答案:5,1;7,2。

加法VS减法

把这些词填到正确的列中。

减去　增加　和　总数
差　少　拿走
加上　共　减少

加法相关的词	减法相关的词

除法

除法把一个数平均分成几个相等的部分。比如，20除以4等于几？拿出20个球，然后把它们分成4组，每组的球数量相等。每组有多少个球？答案是5。

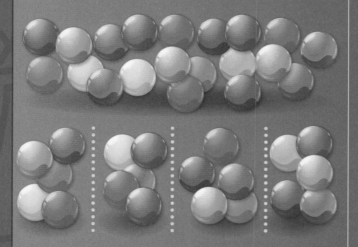

除法问题的每个部分都有一个名称。被除数是被平均分配的数，除数是要分配的组的个数，商是除法问题的答案。

被除数÷除数=商

有时，被除的数（被除数）无法被平均分为相同的组，还有一些剩余，剩下的数叫作"余数"。

比如，23÷4不能整除。能被4整除的最接近23的数是20和24。我们需要的是比被除数23小的数，在这个例子中，就是20。

20÷4=5，但还有一些剩余，23-20=3，这个3就是余数。在除法算式中，用"……"来表示余数。例如：23÷4=5……3。

当除法中的数比较大，你无法心算出来的时候，你可以使用长除法。使用长除法时，你需要记住4个基本步骤：除、乘、减和落。

首先，把问题写成像下面这样的长除法的形式：

```
        商
除数 | 被除数
```

对于65除以5的除法问题，要像这样列：

$$5\overline{)65}$$

第一步：除。6里面有几个5？答案是1。你是像这样把它写在商的位置上了吗？

```
    1
5 | 65
```

第二步：乘。计算1乘以5，然后把结果写在6的下面。

```
    1
5 | 65
    5
```

第三步：减。计算6减去5，然后把结果写在5的下面。

```
    1
5 | 65
    5
    1
```

第四步：落。把被除数后一位上的数5落下来。把5放到1的旁边，变成15。

```
    1
5 | 65
    5
    15
```

然后重复上面的过程，直到无法再除了。对于这个问题，接下来要计算的是15除以5等于3。重复这些步骤，直到没有数可以落下了。

```
    13
5 | 65
    5
    15
    15
    0
```

答案是**13**。没有余数。

除法纵横谜题

填空，使除法算式成立。

48	÷	?	=	8		?	÷	3	=	27
÷				÷		÷				÷
?	÷	?	=	2		?	÷	3	=	?
=				=		=				=
12		?	÷	?	=	9				9

你知道吗？

一个数除以1，答案还是这个数。

除法口诀表

使用这张除法口诀表帮你解开本页的谜题。你能盖上答案，自己来完成这些除法计算吗？

÷1
1÷1=1
2÷1=2
3÷1=3
4÷1=4
5÷1=5
6÷1=6
7÷1=7
8÷1=8
9÷1=9
10÷1=10
11÷1=11
12÷1=12

÷2
2÷2=1
4÷2=2
6÷2=3
8÷2=4
10÷2=5
12÷2=6
14÷2=7
16÷2=8
18÷2=9
20÷2=10
22÷2=11
24÷2=12

÷3
3÷3=1
6÷3=2
9÷3=3
12÷3=4
15÷3=5
18÷3=6
21÷3=7
24÷3=8
27÷3=9
30÷3=10
33÷3=11
36÷3=12

÷4
4÷4=1
8÷4=2
12÷4=3
16÷4=4
20÷4=5
24÷4=6
28÷4=7
32÷4=8
36÷4=9
40÷4=10
44÷4=11
48÷4=12

÷5
5÷5=1
10÷5=2
15÷5=3
20÷5=4
25÷5=5
30÷5=6
35÷5=7
40÷5=8
45÷5=9
50÷5=10
55÷5=11
60÷5=12

÷6
6÷6=1
12÷6=2
18÷6=3
24÷6=4
30÷6=5
36÷6=6
42÷6=7
48÷6=8
54÷6=9
60÷6=10
66÷6=11
72÷6=12

÷7
7÷7=1
14÷7=2
21÷7=3
28÷7=4
35÷7=5
42÷7=6
49÷7=7
56÷7=8
63÷7=9
70÷7=10
77÷7=11
84÷7=12

÷8
8÷8=1
16÷8=2
24÷8=3
32÷8=4
40÷8=5
48÷8=6
56÷8=7
64÷8=8
72÷8=9
80÷8=10
88÷8=11
96÷8=12

÷9
9÷9=1
18÷9=2
27÷9=3
36÷9=4
45÷9=5
54÷9=6
63÷9=7
72÷9=8
81÷9=9
90÷9=10
99÷9=11
108÷9=12

÷10
10÷10=1
20÷10=2
30÷10=3
40÷10=4
50÷10=5
60÷10=6
70÷10=7
80÷10=8
90÷10=9
100÷10=10
110÷10=11
120÷10=12

÷11
11÷11=1
22÷11=2
33÷11=3
44÷11=4
55÷11=5
66÷11=6
77÷11=7
88÷11=8
99÷11=9
110÷11=10
121÷11=11
132÷11=12

÷12
12÷12=1
24÷12=2
36÷12=3
48÷12=4
60÷12=5
72÷12=6
84÷12=7
96÷12=8
108÷12=9
120÷12=10
132÷12=11
144÷12=12

乘法的魔力

乘法是一种能够把相同的数多次相加的快速简便的方法。只要能做加法，肯定也能做乘法！例如，有3组苹果，每组有5个苹果。

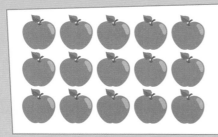

每组都有5个苹果，它们数量相同。要算出一共有多少个苹果，你可以一个个地数。

你也可以把这些5加起来：$5 + 5 + 5 = 15$

因为每组中苹果的数量相同，你还可以用乘法来算出答案。乘法是把多个数量相同的组相加的更快速的方法。乘法的第一个数指的是需要加多少次，第二个数指的是每组中有多少个。在这个例子中：

3（组）
$\times 5$（每组的苹果数量）
$= 15$ 个苹果

在乘法问题中，被乘的数叫作"乘数"。答案叫作"积"。

我们来看下面这张饼干的图片。计算一共有多少块饼干的最快的方法是什么？你可以一个个地数，然后得到答案是24，但用乘法会更快！图片里有4行，每行6块饼干。如果你学过乘法口诀，你就会算这道题了。

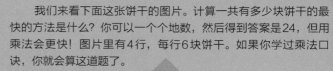

在乘法问题中，乘数的顺序并不重要。请看下面这张饼干的图片。现在一共有6行了，每行有4块饼干。乘法算式是 $6 \times 4 = 24$，答案相同。

$6 \times 4 = 24$

记住从 1×1 到 9×9 的基本的乘法口诀对我们很有帮助。这需要经过大量的背诵练习，但掌握乘法口诀会让乘法变得很简单！

一旦掌握了乘法口诀，你就可以计算大数的乘法了。让我们从这个问题开始吧。

$$\begin{array}{r} 12 \\ \times\ 3 \\ \hline \end{array}$$

用下面的乘数乘以上面的乘数，首先从个位上的数字开始计算。这道题首先要计算 3×2。

$$\begin{array}{r} 12 \\ \times\ 3 \\ \hline 6 \end{array}$$

然后用下面的乘数乘以上面乘数的十位上的数字（3×1）。

$$\begin{array}{r} 12 \\ \times\ 3 \\ \hline 36 \end{array}$$

这样就解决这道题了!

有时，乘法要用到"进位"。通过举例，进位很容易理解。我们来看看下面这个问题。

$$\begin{array}{r} 637 \\ \times\ 4 \\ \hline \end{array}$$

首先将个位上的数相乘（7×4）。个位上的计算是这样的。

$7 \times 4 = 28$　（2个十　8个一）

$$\begin{array}{r} 6\ 3\ 7 \\ \times\ \ _2\ 4 \\ \hline 8 \end{array}$$

把8写在个位上，把2进到十位上。像左图中展示的这样。

$4 \times 3 = 12$
$12 + 2 = 14$
（1个百　4个十）

$$\begin{array}{r} 6\ 3\ 7 \\ \times\ _1\ _2\ 4 \\ \hline 48 \end{array}$$

然后将十位上的数乘以4。你得将这个计算结果再加上从个位上进位过来的2。

$4 \times 6 = 24$
$24 + 1 = 25$
（20个百）
（或2个千）
（5个百）

$$\begin{array}{r} 6\ 3\ 7 \\ \times\ _1\ _2\ 4 \\ \hline 2548 \end{array}$$

继续将百位上的数与4相乘。记得要加上进位的1。

以上就是计算方法! $637 \times 4 = 2548$

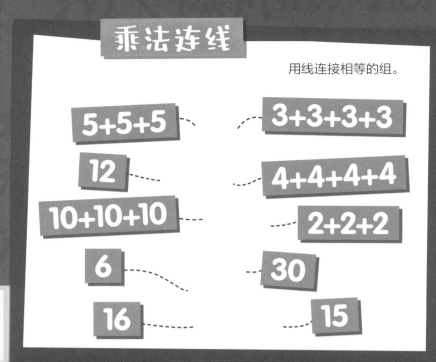

乘法连线

用线连接相等的组。

5+5+5

12

10+10+10

6

16

3+3+3+3

4+4+4+4

2+2+2

30

15

乘法表

会背诵乘法表可以让乘法变得很容易。这张表包含数字1到10之间的所有乘法。在最上面一行选择一个数，然后在最左边一列选择一个数。行和列相交的点就是这个乘法问题的答案了。比如 $6 \times 4 = 24$。

x	1	2	3	4	5	6	7	8	9	10
1	1	2	3	4	5	6	7	8	9	10
2	2	4	6	8	10	12	14	16	18	20
3	3	6	9	12	15	18	21	24	27	30
4	4	8	12	16	20	24	28	32	36	40
5	5	10	15	20	25	30	35	40	45	50
6	6	12	18	24	30	36	42	48	54	60
7	7	14	21	28	35	42	49	56	63	70
8	8	16	24	32	40	48	56	64	72	80
9	9	18	27	36	45	54	63	72	81	90
10	10	20	30	40	50	60	70	80	90	100

用小数计算

如何写出一个小于1的数呢？又该如何写出一个不是整数，但在两个整数之间的数——比如大于1小于2的数呢？你可以使用小数！小数中有一个小数点，小数点看起来就像英文的句号。小数点把整数部分与小数部分分开了。比如：1.25。

要理解小数，就要先理解数位。在一个多位数中，数位表示每个数字所处的位置。

我们来观察一下小数：小数点左边的数表示整数。随着视线向左移动，数位越来越大：个位、十位、百位、千位等。

小数的数位

小数点左边				小数点右边		
←				→		
5	**2**	**6**	**·**	**1**	**7**	**8**
百位	十位	个位		十分位	百分位	千分位

小数点右边的数小于1。随着视线向右移动，数位越来越小。让我们来看看这个小数的数位：0.147。

0.1 在十分位上，它的值是十分之一。

0.04 在百分位上，它的值是百分之四。

0.007 在千分位上，它的值是千分之七。

下面让我们通过一组方块来换一个角度思考小数。一整个方块代表整数 "1"。

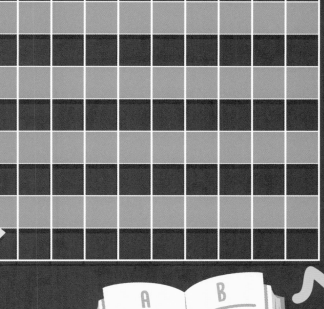

现在让我们把这个方块在横向和竖向上都分成10等份，看看会怎么样？

现在方块上有10个相同的横条。每个横条都是方块的十分之一。用小数表示的话，每个横条都表示这个数的十分位的1。如何用小数来表示这些红色横条呢？有5个红色横条，所以这个数是0.5。

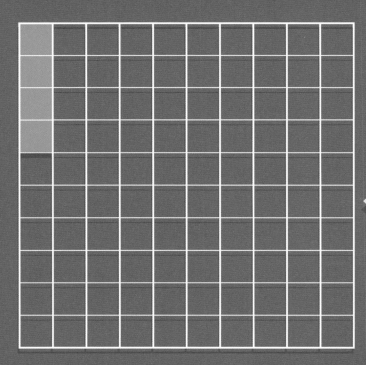

如果把这个方块分成更多的100份相同的小方块，那么该如何用小数表示呢？

每个小方块都是整个方块的百分之一。用小数表示的话，每个小方块都表示这个数的百分位的1。如何用小数来表示这个方格中的绿色方块呢？有4个绿色方块，所以这个数是0.04。

分数

什么是分数？

$$\frac{3}{4}$$

分子

分母

分数是表示整体的一部分的数。它的书写形式是左边这样的，一个数写在另一个数的上面，上面的数叫作分子，下面的数叫作分母，中间的横线叫作分数线。

我们为什么需要分数？

想象一下你正在做比萨的场景。你妈妈喜欢意式腊肠，你爸爸喜欢西红柿，你喜欢蘑菇。怎样才能做出一个大家都喜欢吃的比萨呢？你可以把比萨分成3等份，一份上放意式腊肠，一份上放西红柿，一份上放蘑菇。

分数告诉我们整个比萨中有意式腊肠的部分占了几份。

这个比萨由3个相等的部分组成。

只有一份比萨有意式腊肠。因此，意式腊肠比萨是$\frac{1}{3}$。三（份）里面的一是$\frac{1}{3}$。

分数有特殊的读法。首先，你要读下面的数（分母），然后把上面的数读成是"分之几"，如"分之三""分之四""分之五"等。意式腊肠比萨的分数是$\frac{1}{3}$，读作"三分之一"。

在每个分数中，下面的数（分母）告诉我们整体由多少个相等的部分组成。比萨被分成了3等份，那么分数的分母就是3。分数上面的数（分子）告诉我们这个分数占了多少份。比萨的分数的分子是1，意思是其中一份是意式腊肠比萨。分数$\frac{1}{3}$的意思是3份中的1份。

这是另一个分数的例子

这个圆中有2块被涂上了红色。要把它写成一个分数，你需要找到分子和分母。分子是红色部分的块数2。分母是整个圆包含的块数5。红色块可以用分数表示为$\frac{2}{5}$。

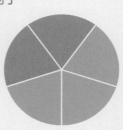

由一个整数和一个分数构成的数叫作"带分数"。带分数是像$2\frac{3}{4}$这样的数。带分数可以这样来表示：

在这张图片中，有多少张意式腊肠比萨？

答案是$2\frac{3}{4}$张。

画分数

露西的狗生了7只小狗，其中有斑点的狗占 $\frac{3}{7}$，画一张图来表示这个分数。

谁发明了分数？

写分数

鱼缸里黄色的鱼占总数的几分之几？请写一写。

答案：亨利八世，$\frac{3}{5}$。

关于代数的一切

代数

代数是研究数、数量、关系、结构和代数方程的数学分支。在数学中，等式是包含等号（＝）的式子，表示等号两边的数相等。例如：2+3=5。在这个等式中，两边的值相等，都是5。

如果这个等式里缺少了一个数呢？代数可以帮你求出这个数。在代数中，变量用字母表示的，用来代替缺少的数。我们用代数解题，并求出缺少的数。让我们来看看这个例子，它缺少了一个数。

$$X+3=5$$

X是这个等式的变量，它表示缺少的数。为了解这道题，并求出缺少的数，我们要遵循这些代数法则。

$$(X+Y)$$

对称性

代数的第一条法则是对称性，指的是如果$a=b$，那么$b=a$。如果等式的左右两边相等，那么即使等式两边交换位置，等式仍然成立。等式$X=7$也可以写为$7=X$。

交换律

代数的另一条法则是交换律。这条法则指的是$a+b=b+a$，意思是不管两个变量或数以什么顺序相加，它们的和总是相同的。例如，1+3=4和3+1=4这两个数学等式都成立。在代数中，$1+X=4$和$X+1=4$，这两个数学等式也都成立。

相等性

代数的另一条法则是如果一个等式两边相等，那么给等式两边各加上相同的数，两边的和仍然相等。

比如：

$$2+3=5$$

在等式两边都加上4。

$$2+3+4=5+4$$
$$9=9$$

两边都等于9。
等式仍然成立。

这个法则对于其他数学运算也适用。等式两边减去相同的数，两边仍然相等。

$$2+3-1=5-1$$
$$4=4$$

等式两边乘以相同的数，两边的积仍然相等。

$$(2+3)\times 2=5\times 2$$
$$10=10$$

等式两边除以相同的数，两边的结果也相等。

$$(2+3)\div 5=5\div 5$$
$$1=1$$

我们可以用这条代数法则来解题。当求解缺少的变量时，你需要在等式一边只保留这个变量。你可以通过这些代数法则来做到这一点，让我们看看下面这个代数等式。

$$X+3=5$$

为了求解这个等式，我们需要将X隔离出来，换句话说就是把它单独放在等式一边。我们可以借助代数法则，从等式两边各减去3。

$$\begin{array}{r} X+3=5 \\ -3 \quad -3 \\ \hline X \quad =2 \end{array}$$

答案是2！如果需要验算，你可以把"2"替换到等式中X的位置上。等式成立吗？
2+3=5。答对了！

找出缺少的数

3 + X = 7

X 是几?

X = _____

答案:X=4。

你知道吗?

古希腊人总结出了一些代数法则。

写代数表达式

请写出每个代数表达式(代数式)。

例如:

*B*减2

可以写成:*B*-2

X 加5

_____

X 减7

_____

X 乘4

_____

X 乘2,然后加7

_____

X 除以3

_____

答案:X+5; X-7; 4X; 2X+7; X/3。

搞定它!

如果你正在脑海里努力思索这些题目,那么利用下面的空白区域计算出左上方题目的答案吧!

统计

你知道你最喜欢的足球队的统计数据吗？这支球队的平均进球数是多少？他们赢得比赛的概率是多少？每场比赛哪位球员得分最高？这些都是统计的类型。

统计是数学的一个分支

统计能够对一组数据进行分析和总结。这些数据可以用来做预测或决定。人们用统计数据来预测天气或预测哪个足球队会赢。统计数据也可以用来描述一大群人，如学校里学生的平均体重或平均身高。统计数据通常以图表、图形和折线图的形式来表示。

在统计中，数据集是一个数据的集合，它通常以表格的形式表示。数据集里的数据可以被用来分析。分析数据的一种常见方法是计算平均指标。有3种类型的平均指标常被用于统计：平均数、众数和中位数。

平均数

为了求出平均数，你要把一组数据中所有数加起来求出总和，然后用总和除以数据的总个数。例如，求出下面这组数的平均数。

4, 5, 9, 10

$$4 + 5 + 9 + 10 = 28$$
$$28 \div 4 = 7$$

这组数据的平均数是7。

中位数

中位的意思是中间。中位数是一组数据中处于中间位置的数。为了找到中位数，要把数据从小到大排列，然后找出中间的数。例如，找出下面这组数据的中位数。

2, 7, 4, 20, 9, 15, 1

首先，按从小到大的顺序排列这组数据：

1, 2, 4, 7, 9, 15, 20

7是中间的数。这组数据的中位数是7。

众数

众数是指在一组数据中出现次数最多的数。例如，找出下面这组数据中的众数。

2, 2, 3, 6, 7, 2, 8, 3, 9, 2

众数是2，因为2的出现次数比其他数都要多。

极差

在统计中，极差指的是一组数据中最小的数与最大的数之间的差。为了求出极差，你要用数据集里最大的数减去最小的数，这个差就是极差。例如，求出下面这个数据集的极差。

4, 8, 9, 2

在这个数据集中，最小的数是2，最大的数是9。

9-2=7。这个数据集的极差是7。

找出众数

这组数据的众数是什么?

2, 3, 6, 8, 9, 11, 3, 51, 3, 6

求出平均数

这组数据的平均数是什么?

1, 6, 9, 16

图表

在统计中,我们经常使用图表。

图表直观地表示数据,很容易查看和理解。数据图表有很多种类型。下面是我们将探索的几种。

象形图用图片或符号来表示或比较数据。

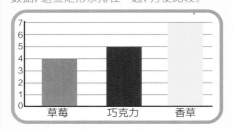

小杰	✳✳✳
小亚	✳✳
小卡	✳✳✳
小史	✳✳✳✳

糖果数量:
✳ =2块

你知道吗?

收集并统计数据的人是统计学家。

每种类型的图表都能帮助我们更容易地看懂数据。

条形图用水平或垂直的矩形条来表示数据,这些矩形条排在一起,方便比较。

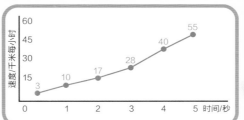

折线图表示数据随着时间(或其他连续变量)推移的变化情况。

探索几何

你想学习关于图形的知识吗？相信你一定会喜欢几何！几何是研究物体形状、大小和位置等问题的数学分支。几何告诉我们如何绘制或构建图形、测量和比较图形。人们在许多工作中应用几何知识，如建造房屋、艺术创作、驾驶飞机等。

我是谁？

在几何这门学问中，你要学习点、线和角的相关知识。你还需要学习一些基本词汇，如点、直线、线段和射线。

点看上去像英文的句号。它没有长度或宽度。

●

线是在两个方向延伸、没有终点的物体。它在每个方向都可以永远延伸下去。

————————————

线段是直线的一部分，有两个端点。这些端点是用点来表示的。

●————————————●

射线是直线的一半，只有一个端点。

●————————————

你可以用点和射线来组成角。共用同一个端点的两条射线形成了角。

不同图形的角有不同的名称。

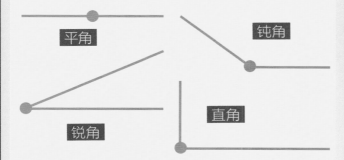

平角

钝角

锐角

直角

我们用度来描述角的大小。直角的度数是90度。小于90度的角是锐角。大于90度的角是钝角。呈180度的是平角。

要形成不同的图形，你要把线段和角组合到一起。例如，一个正方形是由4条线段组成的，这些线段相连并形成4个直角。

有4条边的多边形叫作四边形。正方形和长方形都是四边形。

由多条线段组成的封闭图形叫作多边形。正方形是一种多边形，它的4条边都相等。长方形也是一种多边形，有4条边和4个直角，但它的边不相等。

三角形是有3条边的多边形。

超过4条边的多边形是按照边数来命名的。例如，一个有5条边的多边形叫作"五边形"。

有6条边的多边形是六边形，有8条边的多边形是八边形。

正方形

长方形

三角形

六边形

八边形

几何中有一些图形只有曲线而没有直线。最常见的就是圆形。

从圆心到圆上画一条线段，这条线段叫作半径。圆上所有的点与圆心的距离都相同。从圆的一边穿过圆心画一条线段到另一边，这条线段就是圆的直径。直径的长度是半径的2倍。绕圆一周的长度是圆的周长。

圆的组成部分

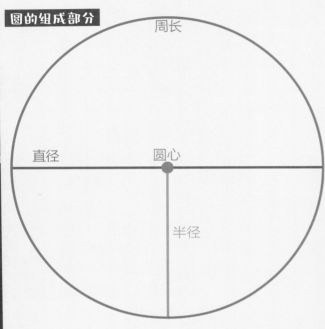

周长

直径　　　圆心

半径

有些图形是平面的，比如三角形、正方形和圆形。平面图形是二维的，也可以说是2D的。而一些图形是立体的。正方体就是立体图形。

例如，有些箱子就是一个正方体。立体图形是三维的，也可以说是3D的。其他的立体图形还有球体、圆锥体、圆柱体和棱锥体。

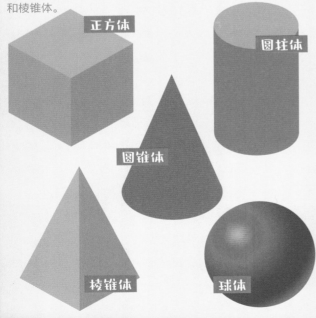

正方体

圆柱体

圆锥体

棱锥体　　　　球体

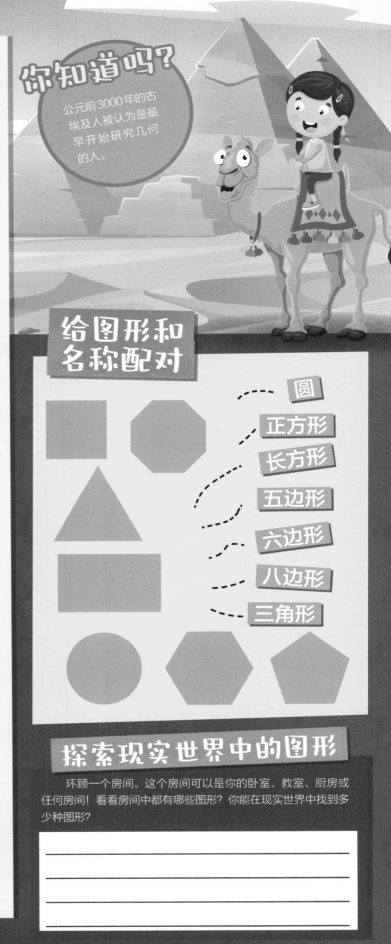

给图形和名称配对

圆

正方形

长方形

五边形

六边形

八边形

三角形

探索现实世界中的图形

环顾一个房间。这个房间可以是你的卧室、教室、厨房或任何房间！看看房间中都有哪些图形？你能在现实世界中找到多少种图形？

身边的数学

我们为什么要学习数学呢？你可能还没有意识到，其实数学就在我们身边。长久以来，数学一直是我们这个世界的精彩历史的重要组成部分。几千年来，人们一直在用数学探寻复杂问题的解决方案。数学帮助人们建造高楼大厦、拯救生命，甚至创作音乐。从古代到现代，人类的进步和发明创造都离不开数学。

今天，数学在我们的日常生活中仍然发挥着重要作用。虽然你可能没有注意到，但其实你每天都在应用数学、看到数学。你用数学来看时间和数钱，在烹饪和烘焙时使用数学为材料称重。温度计测量温度并显示数值，仪表盘上的数可显示汽车的速度。你有喜欢的运动吗？你需要用数学来统计足球、篮球或高尔夫球比赛的得分。甚至晚餐吃比萨，也要用到数学。比萨是圆形的，当你切开它时，你将整个比萨分成了几块，每块都是整个比萨的一部分。

无论你的目光望向哪里，都可以在自然界和人造物品中发现几何的踪影。你看到了哪些图形、线和角呢？一棵树和它的树枝之间有角，图案和图形组成了砖块步道。你家里的窗户可能是正方形、长方形甚至是圆形的，这都是数学的一部分。

数学不只是你在学校学到的东西，它无处不在。我们在日常做饭、看时间、玩游戏、创造东西等过程中，都在应用数学。看看你的身边，在你的生活中，每天在哪些地方会看到和应用数学呢？

看时间

我们用数学来计算时钟上的时、分、秒。

音乐中的数学

音乐家用数学来计算节拍和创作不同节奏类型的音乐。

数学拯救生命

科学家和医生用数学来测试新药、研究疾病和完成高难度的手术。

数字三角形

把数字1到9填到这个三角形中的圆圈里。每个数只能使用一次。你能让三角形每条边上的数的和都相等吗？将和填到方框中。

设计和建造安全的结构

精确的测量和数学计算让建筑师和建造者能够设计和建造出安全的住宅和建筑。

艺术中的数学

艺术家用数学来创作拥有完美比例和对称美学的艺术作品。

太空中的数学

工程师和科学家用数学来计算太空飞船的安全轨道和飞行轨迹。

总结一下

数学就在我们身边，它是我们生活的一部分。你可能并没有意识到自己正在应用数学！我们用基本数学运算来与数打交道：我们将各组数相加算出总数，将数相减算出剩余的数量，使用乘法将相等的几组数快速相加，而除法则帮助我们将大的数分成几组相等的数。

你可以用学到的数学知识来解决现实生活中的问题。你要和同学开派对，想知道要买多少饼干吗？没问题，用乘法来算一下吧。你想买一双新鞋吗？不用担心，用减法来算一算你的钱够不够。想知道你生活的城市的平均温度吗？统计可以帮你算出平均数。等式中有缺少的数？尝试用代数法则来计算吧。这些只是利用数学使日常生活变得更轻松的一些方法——数学，了不起！

计算等式

试一试，从4个运算符号：＋ － × ÷ 中选出3个，使等式成立。

$$2 \_\_\_ 1 \_\_\_ 6 \_\_\_ 5 = 7$$

答案：2÷1×6－5＝7。

13

57

47

8

39

24

48

气球爆炸

你必须打爆哪 **3 个气球** 才能让打爆的气球上的数加起来是 **100**？

答案：13、39、48。

让我们练一练加法题

加法将两个或更多的数加在一起，然后得出总数。加法使我们每天的生活更方便。通过加法，我们可以快速计算大量的数。加法还帮助我们做许多的事情，如看时间、计算体育比赛得分、决定我们能花多少钱等。

你可以通过一系列谜题、文字题、脑筋急转弯和其他动脑活动来学习更多关于加法的知识。在每项活动中，你将练习数的加法，学习加法算式是如何计算的，还能了解加法在实际生活中如何应用，比如搭建棚子和策划生日派对。

拿起你的铅笔，让我们练一练加法题吧！

$$1011 + 1011 \over 2022$$

$$=?$$

$$0+1=1$$

$$6+6+6+8=26$$

$$2+2=4$$

$$332 + 128 \over 460$$

加法谜题

你的加法计算水平有多高?

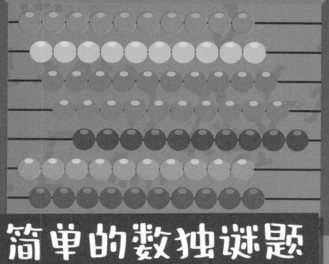

简单的数独谜题

填上缺少的数。每行或每列的4个小方块都应该使用1、2、3、4各一次,使每行和每列的数的总和都相等。

	4	2	
2			3
1			4
	3	1	

2	1	4	3
4			1
1			4
3	4	1	2

		3	
1			2
			4
4			1

4		1	
1		2	
	4		1
	1		2

		1	2
2			
			4
4	3		

1. 问题一

小詹和他的爸爸正在后院搭建棚子。为了搭建棚子，他们必须收集木材。他们的车库里有15块木板。小詹和他的爸爸又各收集了10块木板。

他们一共有多少块木板？

_____

2. 问题二

小詹和他的爸爸还要用钉子来钉木板。他们家里有17根钉子。小詹去商店买了2包钉子。其中大的一包里有60根钉子，小的一包里有35根钉子。

他们一共有多少根钉子？

_____

3. 问题三

棚子搭好后，小詹要给它上漆。他估计需要550毫升的白漆、400毫升的绿漆和295毫升的黑漆。

小詹一共需要购买多少毫升的油漆？

_____

答案：1.35；2.112；3.1245。

31

4. 问题四

下周六是小格的生日。她的朋友们想开个派对，给她一个惊喜。她的好朋友艾玛为派对买了装饰品。艾玛买了15顶派对帽、20个噪声制造器和35个气球。

艾玛一共买了多少个装饰品？

搞定它！

如果你正在脑海里努力思索这些题目，利用下面的空白区域来演算吧！

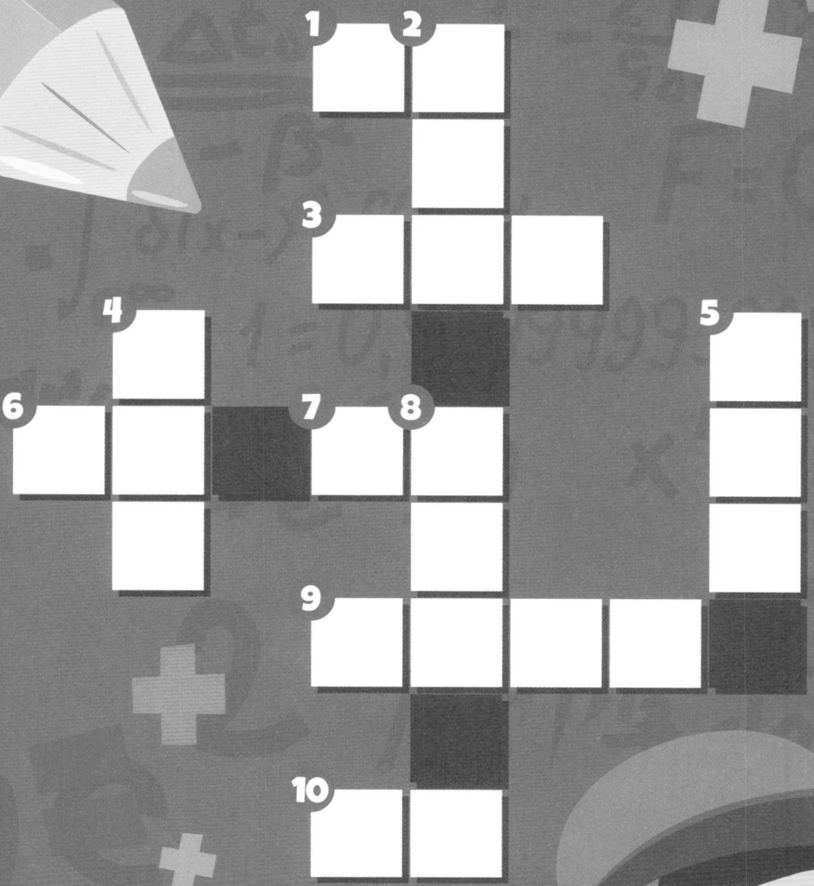

纵横字谜

解出这些加法题来完成纵横字谜。

横向

1. 45 + 32
3. 690 + 12
6. 75 + 24
7. 44 + 22
9. 835 + 241
10. 15 + 67

纵向

2. 269 + 431
4. 182 + 110
5. 105 + 653
8. 123 + 487

5. 问题五

1位爷爷、2位爸爸和2个儿子一起去看马术比赛，他们每人买一张票。

他们一共买了多少张票？

答案：4. 70；5. 5。纵横字谜：1. 77；2. 700；3. 702；4. 292；5. 758；6. 99；7. 66；8. 610；9. 1076；10. 82。

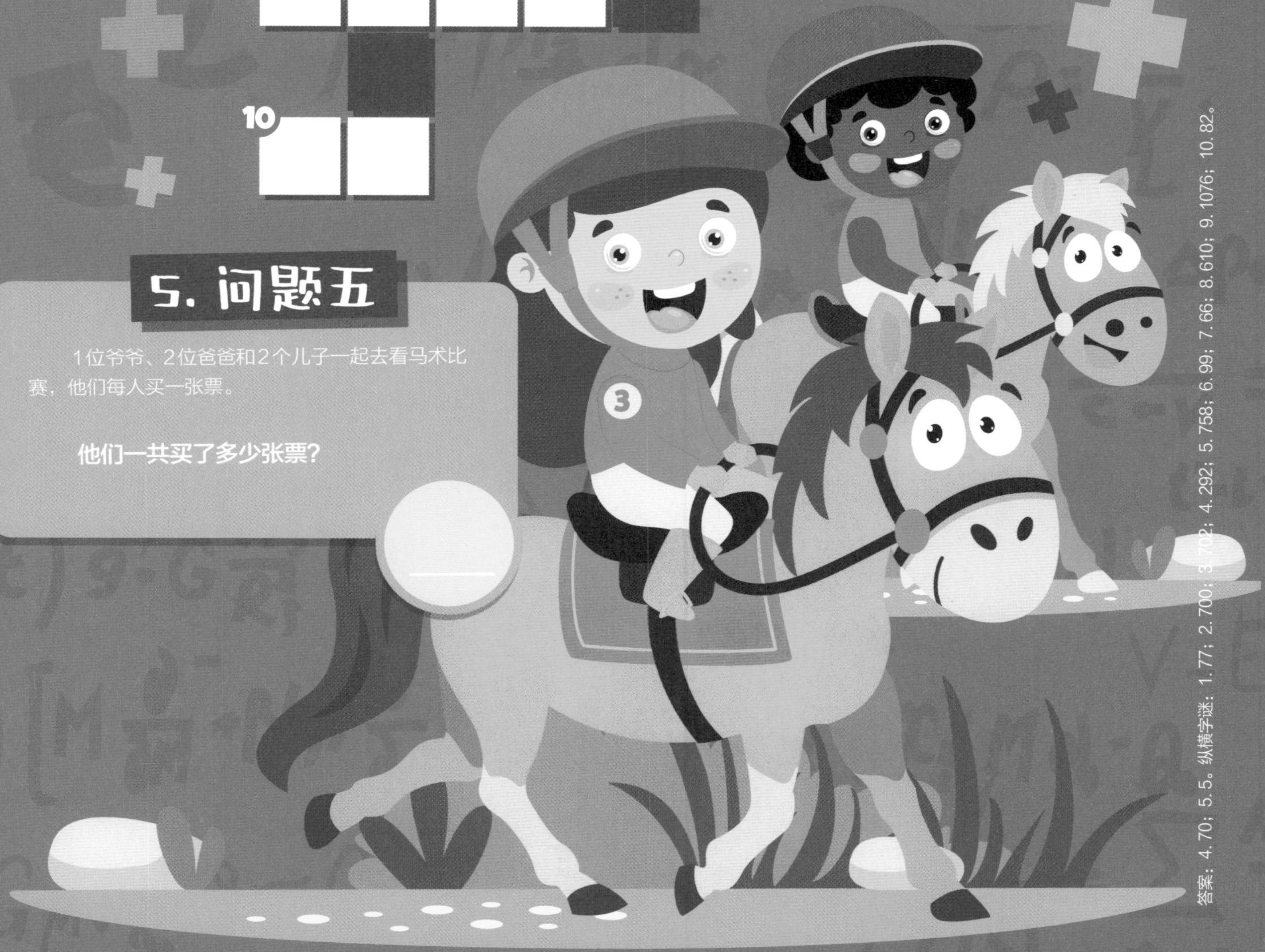

纵横字谜

完成纵横字谜，使这些加法等式成立。

23	+		=	49			+	67	=	
				+				+		
	+	34	=			63	+	25	=	
				=				=		
		11	+	95	=					

7. 问题七

史先生有4个儿子。每个儿子都只有1个妹妹。

史先生一共有几个孩子？

_____

6. 问题六

小奥要在100套公寓的门上写门牌号，这些门牌号是从1到100的数。

她一共写了几个7？

_____

8. 问题八

杰克去商店买新衣服。他买了一套 1390 元的西装，一件 340 元的白衬衫和一条 180 元的领带。

他一共花了多少钱？

找词游戏

请看下面的找词游戏——有一些与加法相关的英语单词就藏在里面。你能找到它们吗？

搞定它！

如果你正在脑海里努力思索这些题目，利用下面的空白区域来演算吧！

```
P R N M B T O T A L
L C O M B I N E B C
U Z Z Q A I M O A C
S K M Y N N O T D O
C M A A S C R O D U
O A T D W R E T I N
U T H D E E S A T T
N H R H R A U L I F
T S W F H S M E O H
V M A D D E N D N X
```

ADDITION（加法）　ADDEND（加数）　ANSWER（答案）

MORE（多）　INCREASE（增加）　COUNT（数数）

ADD（加）　COMBINE（结合）　MATHS（数学）

SUM（总和）　TOTAL（总共）　PLUS（加）

答案：6. 19；7. 5；8. 1910元。纵横字谜。（从左到右，从上到下）26, 43, 110, 12, 46, 88, 106。

加法金字塔

每一对相邻的方块上的数加起来等于它们正上方的方块上的数。解开谜题，算出金字塔顶端方块上的数。

纵横字谜

完成纵横字谜，使加法等式成立。

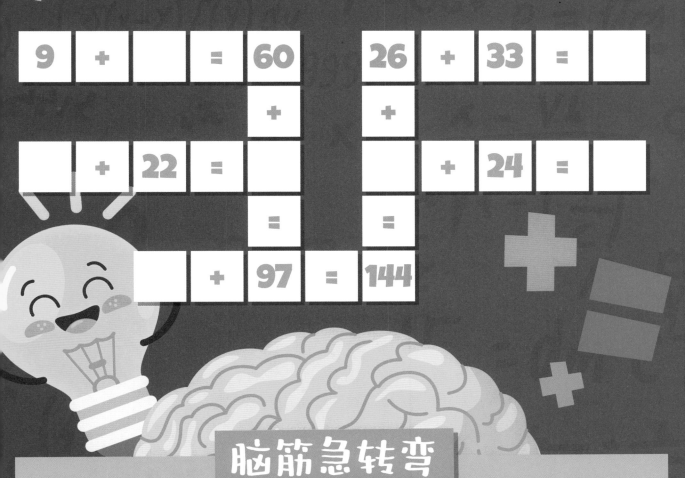

脑筋急转弯

1. 用加法将8个带"8"的数相加，使它们的和等于1000。

2. 用2、3、4、5和算术符号"+"和"="，列一个数学等式。

3. 小艾今年9岁，他爸爸已经47岁了。当小艾21岁的时候，他爸爸多少岁？

4. 在1和1000之间的数之中，哪个数字出现的次数最多？

5. 数学心算挑战。在脑海里算一算：40加1000，再加1000，加30，再加1000，加20，再加1000，加10，和是多少？

答案：纵横字迷（从左到右，从上到下）51，59，15，37，118，142，47。

$$5-5=0$$
$$10=-x$$
$$33-3-7-2=21$$
$$x-y=?$$
$$\begin{array}{r}100\\-\ 50\\\hline 50\end{array}$$
$$12-12+0=0$$

减法是从一个数中拿走另一个数的数学运算。你每天都在使用减法，它让生活更方便。减法可以帮我们看时间。例如，现在是上午10时，你的快递是在3小时前送达的。那么你的快递是几点送达的？用减法你就可以算出答案：上午10时−3小时＝上午7时。其他许多日常活动中都会用到减法，如做饭、做运动、培养爱好、玩游戏等。

你可以通过一系列谜题、文字题、脑筋急转弯和其他动脑活动来学习更多关于减法的知识。在每项活动中，你将练习数的减法，同时还能了解减法在实际生活中如何应用，比如计算还剩多少钱和旅行的费用。

拿起你的铅笔，让我们练一练减法题吧！

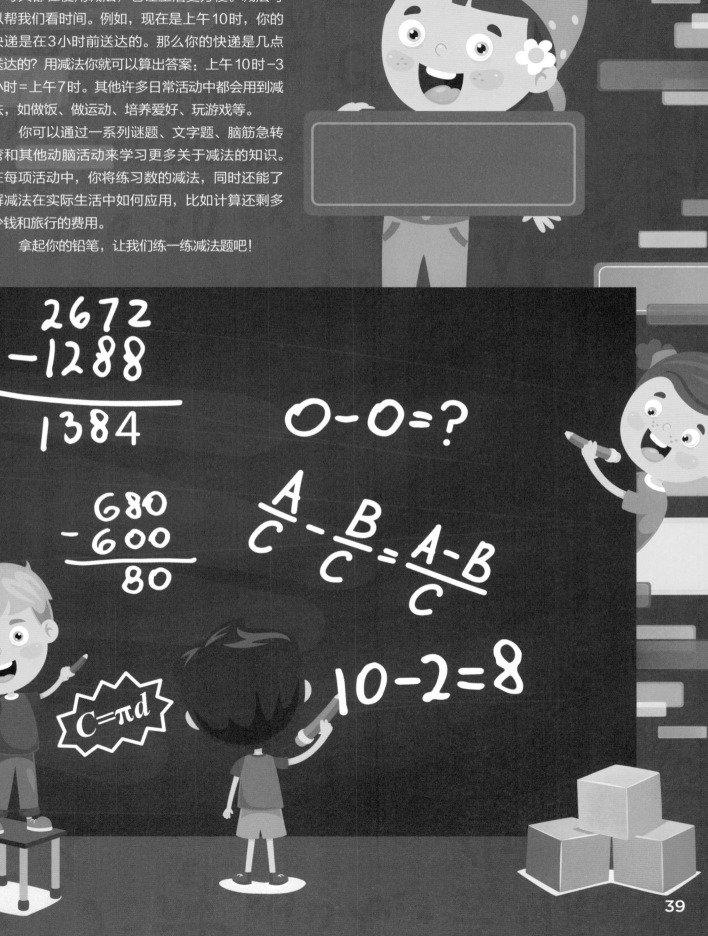

$$\begin{array}{r} 2672 \\ -1288 \\ \hline 1384 \end{array}$$

$$\begin{array}{r} 680 \\ -600 \\ \hline 80 \end{array}$$

$$0 - 0 = ?$$

$$\frac{A}{C} - \frac{B}{C} = \frac{A-B}{C}$$

$$10 - 2 = 8$$

$$C = \pi d$$

减法谜题

纵横字谜

填上缺失的数。

1

8	+	___	=	14
+		−		+
___	−	4	=	5
=		=		=
17	+	___	=	___

2

3	+	8	=	___
+		−		−
2	+	___	=	8
=		=		=
___	−	2	=	3

咖啡店

周六小桑卖了52杯咖啡。第二天，她卖了98杯咖啡。

周日比周六多卖了多少杯咖啡？

___

开学第一天

开学第一天，小沙带了一些铅笔。

假如她有56支铅笔，把22支铅笔给了朋友。她还剩几支铅笔？

___

谜题游戏

解出下面每道减法题。

1 14-8=____

2 40-31=____

3 65-51=____

4 12-8=____

5 80-60=____

6 15-7=____

7 20-15=____

8 17-13=____

9 40-31=____

10 14-8=____

11 16-10=____

12 8-3=____

13 41-23=____

14 30-25=____

15 20-6=____

16 5-2=____

17 10-5=____

现在使用答案和解码密钥来揭开秘密信息吧!

1 =A **2** =B **3** =C **4** =D **5** =E **6** =F **7** =G

8 =H **9** =I **10** =J **11** =K **12** =L **13** =M **14** =N

15 =O **16** =P **17** =Q **18** =R **19** =S **20** =T **21** =U

22 =V **23** =W **24** =X **25** =Y **26** =Z

1 ....

2 ....

3 ....

4 ....

5 ....

6 ....

7 ....

8 ....

9 ....

10 ....

11 ....

12 ....

13 ....

14 ....

15 ....

16 ....

17 ....

把苹果和它对应的篮子连起来！

解出这些减法题，然后画线把苹果和它对应的篮子连起来。

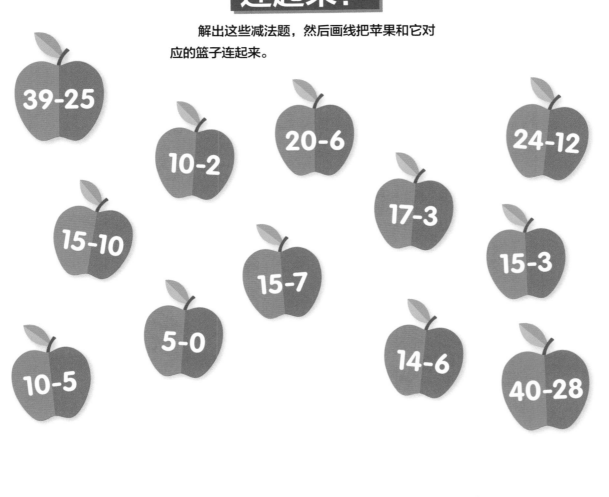

39-25

10-2

20-6

24-12

17-3

15-10

15-7

15-3

5-0

10-5

14-6

40-28

5　　8　　12　　14

超市

小帕带着100元去了超市。他先买了苹果和葡萄，花了15元。然后他又买了一个汉堡包，花了12元。

现在他还剩多少钱？

答案：73元。

_____

篮球比赛

在一场篮球比赛中，蓝队输给绿队15分。

如果绿队得了62分，那么蓝队得了多少分？

答案：47。

_____

我们来一起坐火车吧

这列火车从A地开往B地，将在途中停靠两站。当火车离开A地时，车上有95名乘客。在第一站，一些乘客下了车，有15人上车。在第二站，没有人上车或下车。当火车到达B地的时候，车上还有30名乘客。

有几位乘客在第一站下了车？

答案：80。

_____

数糖果

答案：107。

小卡买了一大包糖果，一共有283颗糖。小卡给了小维112颗糖，给了小伊64颗糖。

小卡还剩多少颗糖？

_____

谜题游戏1

用0到9之间的数来完成减法题，每个数只能用1次。

○6 − 23 = 3○

67 − ○0 = 2○

98 − ○6 = 3○

24 − 1○ = ○4

○9 − 2○ = 71

○6 − 45 = 51

○7 − ○2 = 2○

○○ − 35 = 43

25 − ○5 = 1○

○4 − 12 = 2○

答案:（从左到右、从上到下）5, 3, 4, 7, 6, 2, 0, 1, 9, 8; 9, 6, 4, 5, 7, 8, 1, 0, 3, 2。

谜题游戏2

以下是和与差的谜题的规则。

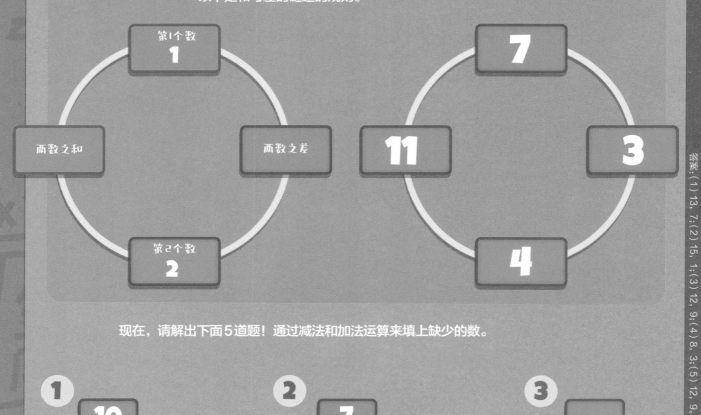

现在，请解出下面5道题！通过减法和加法运算来填上缺少的数。

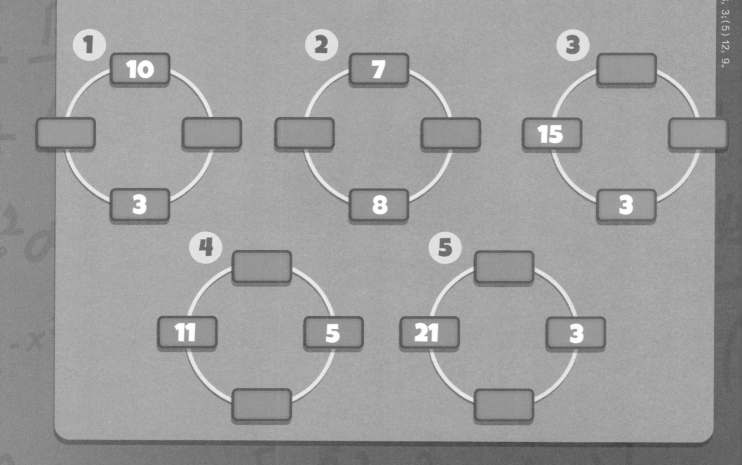

答案：(1) 13，7；(2) 15，1；(3) 12，9；(4) 8，3；(5) 12，9。

多少钱？

买玩具手机和手机壳一共花了110元，玩具手机比手机壳贵100元。

这部玩具手机要多少钱？ _____

答案：105元。

用25减去5，一直减到结果为0，能减多少次？

_____

答案：5。

你好

哇

旅行

这次旅行你乘坐了公交车、火车和出租车。坐火车花了27.35元。坐出租车比坐火车便宜了15元。坐公交车比坐出租车便宜了10.85元。

这次旅行一共花了多少车费？ _____

答案：41.2元。

平分

除法是将一个数分成相等的部分的数学运算。你每天都可以使用除法。例如，除法可以帮助你公平地分东西。如果你有24块口香糖和4个朋友，你怎样才能公平地分配口香糖，又不惹人生气呢？这很简单，使用除法就行。

$$24 \div 4 = 6$$

每个朋友都得到6块口香糖。

我们用除法把握做饭的份量，或者在饭店结账时计算每个人应承担的费用。在其他很多日常活动中，如玩游戏、培养爱好、做运动等，除法帮我们把数分成几个相等的组。你可以通过一系列谜题、文字题、脑筋急转弯和其他动脑活动来学习更多关于除法的知识。在每项活动中，你将练习数的除法，学习除法算式是如何计算的。通过练习，你很快就能熟练地进行除法运算了！

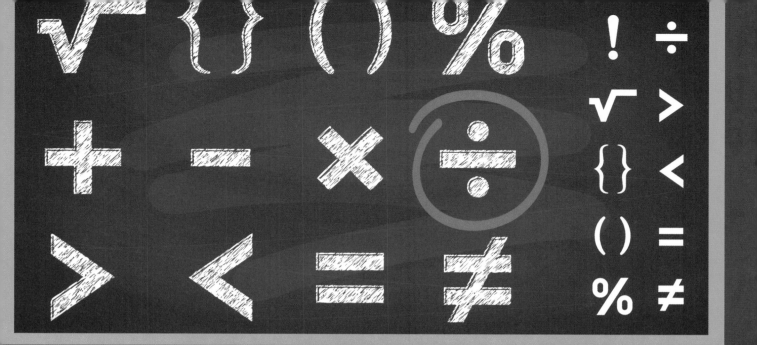

除法谜题

解开谜题

用除法解出这10道题，然后在方框内划掉答案。整理剩下的字母，拼出谜题的答案。

1. $95 \div 5 =$ _____
2. $27 \div 9 =$ _____
3. $144 \div 12 =$ _____
4. $72 \div 4 =$ _____
5. $264 \div 8 =$ _____
6. $186 \div 6 =$ _____
7. $175 \div 7 =$ _____
8. $141 \div 3 =$ _____
9. $130 \div 5 =$ _____
10. $128 \div 4 =$ _____

19 =Z   13 =Q   3 =I   52 =U   33 =L   21 =R   26 =N

5 =S   12 =B   42 =A   18 =D   31 =Y   1 =K   32 =F

47 =B   16 =C   25 =J   20 =E

谜题： 鸭子喜欢在汤里放什么？

···· ···· ···· ···· ···· ···· ···· ····

除法方块

每一行从左到右与每一列从上到下都是除法题。请填入缺少的数。

1

8	___	2
___	1	___
4	___	___

2

16	___	4
___	1	___
___	8	___

3

___	6	3
9	3	___
___	___	___

4

28	___	4
___	7	2
___	___	___

5

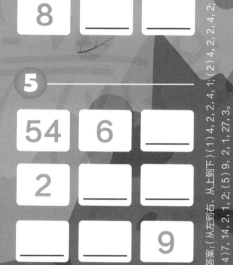

54	6	___
___	2	___
___	___	9

答案:(从左到右,从上到下)(1)4,2,2,4,1;(2)4,2,2,4,2;(3)18,3,2,2,1;(4)7,14,2,1,2;(5)9,2,1,27,3。

沿着箭头方向解题

请用除法解出这些题,直到抵达终点。你可以从3种不同的路径得到相同的答案。

60 ÷ 5 = ___ ÷ 3 = ___
↓÷↓   ↓÷↓   ↓÷↓
2   2   2
↓=↓   ↓=↓   ↓=↓
 ÷ 5 = ÷ 3 =

答案:(沿顺时针方向从上面开始)12,4,2,6,30。

脑筋急转弯

小乐喜欢画画。她已经画了32幅风景画。她想把这些画挂在她家的4个房间里。

如果她在每个房间都挂上相同数量的画,那么客厅里有几幅画?

___

答案:8。

逆运算

乘法算式和其相关的除法算式是逆运算。例如，6×2=12、12÷2=6和12÷6=2就互为逆运算。

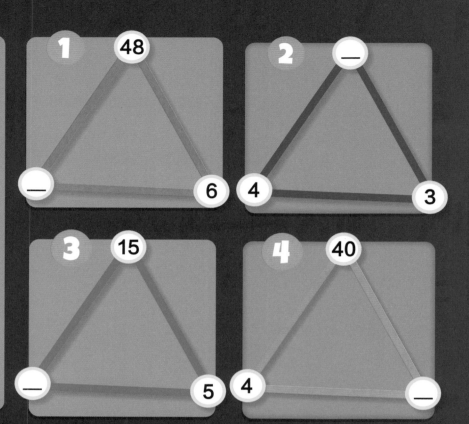

1 48 ___ 6

2 ___ 4 3

3 15 ___ 5

4 40 4 ___

12
6 2

用乘法和除法来填上这些逆运算式子中缺少的数。

答案：(1)8;(2)12;(3)3;(4)10。

沿着箭头方向解题

请用除法解出这些题，直到抵达终点。你可以用3个不同的路径得到相同的答案。

96 ÷ 6 = ___ ÷ 4 = ___

÷ ÷ ÷

2 2 2

= = =

___ ÷ 6 = ___ ÷ 4 = ___

答案：（沿顺时针方向从上面开始）16、4、2、8、48。

52

脑筋急转弯

小克正在为同班同学准备柠檬水。每瓶柠檬水可以倒5杯。

如果他们班有30名学生，他需要准备多少瓶柠檬水？

____

解开谜题

用除法解出这10道题，然后在方框内划掉答案。整理剩下的字母，拼出谜题的答案。

1. **560 ÷ 7 =** _____
2. **350 ÷ 5 =** _____
3. **160 ÷ 5 =** _____
4. **112 ÷ 2 =** _____
5. **258 ÷ 6 =** _____
6. **261 ÷ 3 =** _____
7. **128 ÷ 8 =** _____
8. **222 ÷ 6 =** _____

80 =B	**13** =U	**43** =X	**41** =L	**16** =S	**35** =C	**87** =T
56 =E	**77** =H	**70** =R	**5** =N	**32** =M	**37** =M	

谜题： 航天员一天中最喜欢吃哪顿饭？

__ __ __ __ __

脑筋急转弯

一家公司有6台打印机。这些打印机在一分钟内一共能打印222页。

一台打印机在一分钟内能打印多少页？
一台打印机在一小时内能打印多少页？

答案：37，2220。

解开谜题

用除法解出这10道题，然后在方框内划掉答案。整理剩下的字母，拼出谜题的答案。

1. 644 ÷ 4 = _____
2. 630 ÷ 6 = _____
3. 513 ÷ 3 = _____
4. 304 ÷ 4 = _____
5. 732 ÷ 6 = _____
6. 105 ÷ 5 = _____
7. 204 ÷ 6 = _____
8. 152 ÷ 4 = _____
9. 646 ÷ 2 = _____
10. 532 ÷ 4 = _____

57 =B	161 =C	105 =S	315 =L	21 =A	323 =T	76 =M
38 =N	421 =E	171 =Y	133 =O	122 =Z	26 =U	34 =K

谜题： 风最喜欢的颜色是什么？

___ ___ ___ ___

答案：BLUE（蓝色，是天空的颜色）。

54

解开谜题

用除法解出这10道题，然后在方框内划掉答案。整理剩下的字母，拼出谜题的答案。

1　40 ÷ 5 = ______	6　30 ÷ 3 = ______
2　36 ÷ 6 = ______	7　9 ÷ 1 = ______
3　49 ÷ 7 = ______	8　30 ÷ 2 = ______
4　12 ÷ 4 = ______	9　25 ÷ 5 = ______
5　24 ÷ 2 = ______	10　88 ÷ 8 = ______

8 =E　13 =B　15 =C　7 =D　3 =F　4 =A　9 =G

6 =H　11 =I　5 =J　2 =T　10 =L　12 =M

谜题： 什么动物喜欢倒立着睡觉？

___ ___ ___

答案：BAT（蝙蝠）。

沿着箭头方向解题

请用除法解出这些题，你可以用3种不同的路径得到相同的答案。

108 ÷ 2 = …… ÷ 6 = ……

↓ ÷　　　↓ ÷　　　↓ ÷

3　　　3　　　3

↓ =　　　↓ =　　　↓ =

…… ÷ 2 = …… ÷ 6 = ……

答案：（沿顺时针方向从上面开始）54, 9, 3, 18, 36。

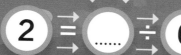

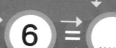

脑筋急转弯

汉娜有一叠要回收的旧杂志。一共有63本杂志。一个快递盒里可以放9本杂志。

她需要多少个快递盒才能把杂志全部送去回收？

______

答案：7。

神奇的乘法

乘法是可以快速将多组相同的数相加的数学运算。你每天都在使用乘法，它让生活更方便。乘法可以让我们计算出买多个冰淇淋或在酒店住几个晚上需要花多少钱。我们可以用乘法将烹饪食谱调整成双份用量，或者快速计算出需要多少个钉子来搭建一张桌子。我们还在其他许多日常活动中都会用到乘法，如做运动、玩游戏等。

你可以通过一系列谜题、文字题、脑筋急转弯和其他动脑活动来学习更多关于乘法的知识。在每项活动中，你将练习数的乘法，学习乘法算式是如何计算的，还能了解乘法在实际生活中是如何应用的，比如计算派对需要多少食物，或者烤制几盘饼干需要花多长时间。

乘法谜题

你能多快完成这些计算？

1. 返校

用乘法算出每种图片所代表的数值。（白色格子内的数值由它所在位置对应的最左列与最顶行数值相乘而得。）

X	5		
		2	
	5		3
		2	

 ___  ___  ___  ___  ___

己. 缺少的数字

我们丢了一些数字！用下面的数填在黄色格子中，完成乘法竖式。

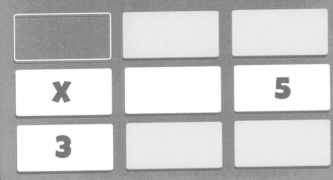

X		5
3		

数：0,1,2,6

3. 乘法字谜

杰克邀请几位朋友过来看比赛。他觉得每位朋友要吃3个三明治。如果有5位朋友要来，杰克应该做多少个三明治？如果这5位朋友每人都带4个比萨和2袋薯片，那么他们一共有多少比萨和薯片？

小杰正在为学校的义卖活动烤饼干。她烤了5盘饼干，每盘饼干需要烤30分钟。每盘有12块饼干。她一共有多少块饼干？烤这些饼干一共花了多长时间？

小埃在他的货车上装了47筐苹果和6筐桃子。每个筐里放了38个水果。一共有多少个桃子？有多少个苹果？

果园里有243只蝴蝶。每只蝴蝶身上有7个黑色斑点。这些蝴蝶身上一共有多少个黑色斑点？

4. 填数游戏

将这些数填进圆圈内，使每条线上的3个数相乘等于目标值。

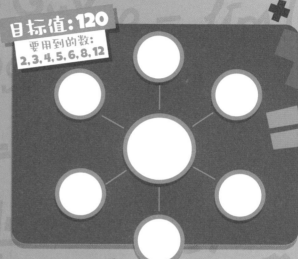

目标值：120
要用到的数：
2, 3, 4, 5, 6, 8, 12

目标值：240
要用到的数：
2, 3, 5, 6, 8, 10, 15

目标值：600
要用到的数：
2, 4, 5, 6, 20, 25, 50

5. 乘法金字塔谜题

将相邻的2个数的乘积填入它们上面的方格中。解开谜题，算出金字塔顶端的数。

| 2 | 3 | 8 | | 4 | 2 | 7 |

| 1 | 9 | 6 | | 7 | 3 | 6 |

| 1 | 4 | 2 | 3 |

6. 缺少的数字

我们丢了一些数字！把下面的数填在黄色格子中，完成乘法竖式。

7.乘法脑筋急转弯

一位老师正在打扫教室，来为暑假做准备。她可以把8本大书放进一个储物箱，或把10本小书放进一个储物箱。她一共装了96本书，并且大书比小书多16本。

她一共要装多少个箱子？

_____

8. 参观农场

用乘法算出每种动物所代表的数值。

X		7	
8			
	8		24
			144

 ____  ____  ____  ____

答案：5.（沿顺时针方向从上面开始）144, 24, 6; 112, 14, 8; 486, 54, 9; 378, 18, 21; 1536, 48, 6, 8, 4, 32。6.69×2=138。
7.11。8.鸟=2, 鸡=12, 鼠=4, 兔=32, 猫头鹰=48, 蛇=56, 马=14, 牛=84, 猫=96。

9. 运动会!

用乘法算出每种运动器材所代表的数值。

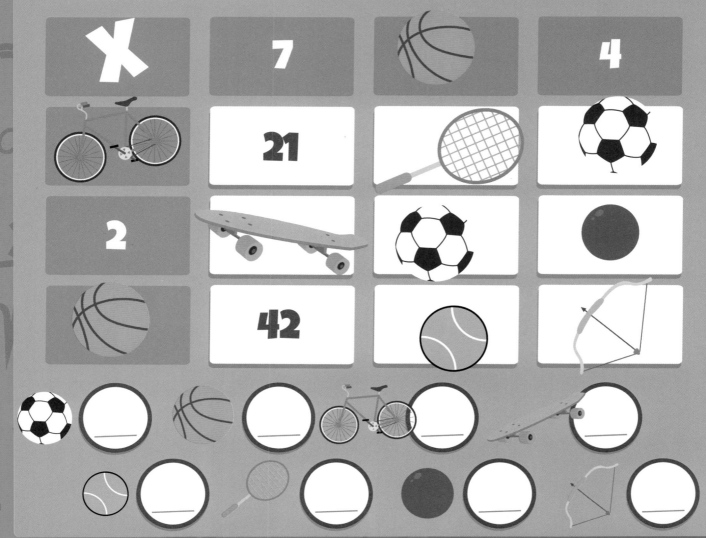

10. 乘法脑筋急转弯

小伊在森林中徒步旅行时,不小心撞到了一个蜘蛛网。小伊非常害怕蜘蛛,一路跑到他最好的朋友小丹的家。他向小丹解释说,这是他见过的最大的蜘蛛网。他说这个蜘蛛网上有24只苍蝇和蜘蛛,它们一共有154条腿。

苍蝇有6条腿,蜘蛛有8条腿,请算出网中有多少只蜘蛛。

11. 缺少的数字

我们丢了一些数字!用下面的数填在黄色格子中,完成乘法竖式。

		6
X		5

数: 0, 2, 3, 4

搞定它！

如果你正在脑海里努力思索这些题目，利用下面的空白区域来演算吧！

12. 乘法框

在框中填入数字，使每一行和每一列的乘法算式都成立。

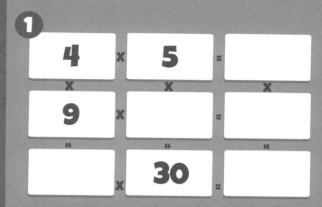

1

4	×	5	=	
×		×		×
9	×		=	
=		=		=
	×	30	=	

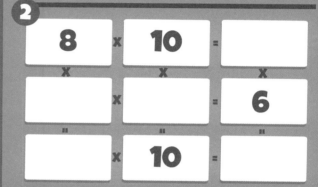

2

8	×	10	=	
×		×		×
	×		=	6
=		=		=
	×	10	=	

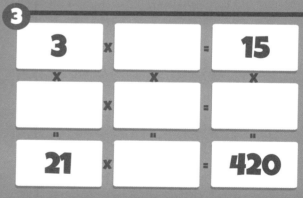

3

3	×		=	15
×		×		×
	×		=	
=		=		=
21	×		=	420

4

	×		=	8
×		×		×
5	×		=	40
=		=		=
	×	32	=	

答案：9. 足球=12，篮球=6，自行车=3，滑板=14，网球=36，羽毛球拍=18，保龄球=8，弓箭=24。10: 5只蜘蛛。11. 46 × 5 = 230。12.（沿顺时针方向从第一行开始，然后是中间）（1）20，54，1080，36，6；（2）80，480，48，6，1；（3）5，28，20，7，4；（4）2，4，320，10，8。

开始学习分数

分数是整数的一部分。它是一种表示小于1的数的方式。带分数是整数和分数的组合。你每天都会在许多地方用到分数。当某样东西无法被平分为整数时，我们就用分数来把它们分成几个相等的部分。日常生活中，我们还使用分数来称量烹饪和烘焙材料。如果你没有正确地称量材料，那么你可能会毁掉一份食物。

你可以通过一系列谜题、文字题、脑筋急转弯和其他动脑活动来学习更多关于分数的知识。在每项活动中，你将练习并掌握分数的表示方式，学习分数的原理，还能了解分数在实际生活中如何应用，比如计算如何平分比萨。

分数谜题

分数连一连

分数有不同的书写或表示方式。
在下面圈出"三分之二"的其他表示方式。

三分之二

$\frac{2}{3}$ 3.2 $\frac{3}{2}$

给分数之花涂上颜色

给花瓣和花的中心涂上颜色，来
表示中间的分数。

$\frac{3}{7}$

大的分数

哪个分数更大?
(提示: 你可以通过画图帮助自己找出答案。)

$\frac{1}{2}$ 与 $\frac{1}{3}$

$\frac{2}{3}$ 与 $\frac{2}{4}$

$\frac{5}{6}$ 与 $\frac{6}{8}$

$\frac{2}{3}$ 与 $\frac{3}{4}$

$\frac{4}{12}$ 与 $\frac{1}{4}$

分数谜题

根据提示找出同时符合下面4点描述的分数。

1 我比2小。
2 我比0大。
3 我不是带分数。
4 我更接近于0而不是1。

$2\frac{3}{4}$　$\frac{1}{5}$

$\frac{1}{3}$　$1\frac{1}{2}$

$\frac{3}{4}$　$1\frac{2}{3}$

答案: $\frac{1}{5}$、$\frac{1}{3}$。

巧克力

看看下面的巧克力。你想到了什么分数?

答案: $2\frac{1}{2}$。

分数谜题

根据3点提示找出下面哪个分数是正确答案。

1 我比整数3小。
2 我比整数1大。
3 我可以由3个一半组成。

1

2

3

4

5

6

答案：4。

相等分数连一连

将相等的分数用线连起来。

$$\frac{5}{8} \qquad \frac{12}{16}$$

$$\frac{3}{4} \qquad \frac{3}{6}$$

$$\frac{1}{2} \qquad \frac{2}{3}$$

$$\frac{3}{10} \qquad \frac{10}{16}$$

$$\frac{4}{6} \qquad \frac{6}{20}$$

给分数之花涂上颜色

给花瓣和花的中心涂上颜色，
来表示中间的分数。

$$\frac{5}{7}$$

橙子奇缘

看看下面这些橙子。你想到了什么分数？

答案：$7\frac{1}{2}$。

分数连一连

分数有不同的书写或表示方式。
在下面圈出"四分之三"的其他表示方式。

四分之三

$$\frac{3}{4} \qquad \frac{4}{3}$$

好吃的蓝莓派

看看下面这个被切成8片的蓝莓派。
你想到的分数是多少？

答案：$\frac{5}{8}$。

给分数之花涂上颜色

给花瓣和花的中心涂上颜色，来
表示中间的分数。

$\frac{6}{7}$

分数连一连

分数有不同的书写或表示方式。
在下面圈出"八分之五"的其他表示方式。

八分之五

$\frac{5}{8}$ $\frac{8}{5}$ $\frac{5}{18}$

分数谜题

根据提示找出下面哪个分数是正确答案。

1 我比6小。

2 我比2大。

3 我是一个带分数——整数加上一个分数。

4 我更接近于3而不是4。

$6\dfrac{1}{2}$	1
$3\dfrac{1}{3}$	$1\dfrac{5}{6}$
$3\dfrac{2}{3}$	3

答案：$3\dfrac{1}{3}$。

分数连一连

将相等的分数用线连起来。

$\dfrac{3}{8}$	$\dfrac{4}{16}$
$\dfrac{1}{4}$	$\dfrac{4}{8}$
$\dfrac{1}{2}$	$\dfrac{1}{3}$
$\dfrac{7}{10}$	$\dfrac{6}{16}$
$\dfrac{2}{6}$	$\dfrac{14}{20}$

用代数解决问题

代数是研究数、数量、关系、结构与代数方程的数学分支。要解代数题，你要把问题写成方程。方程中的字母叫作未知数，代表缺少的数。为了求出缺少的数，你应该根据代数法则来进行计算。这样你就能计算方程，算出缺少的数值。

4x = 8

x = ?

$$\frac{4x}{4} = \frac{8}{4}$$

$$x = 2$$

代数谜题

写代数表达式

请写出下列每个代数表达式（代数式）。例如，*b*减去2可以写成：*b*−2。

X 翻倍，然后减去2

Y 除以3

X 减去10

X 乘以5，然后加上3

答案：$2X-2$；$\frac{Y}{3}$；$X-10$；$5X+3$。

在求解代数题时，你要知道应该先算哪一步。你可以按照运算顺序来进行计算，这个规则告诉你求解数学题时各个部分的正确计算顺序。加法、减法、乘法和除法都是运算。

P	( )	括号
E	x^2	乘方
M	×	乘法
D	÷	除法
A	+	加法
S	−	减法

对于任何数学问题，你首先要计算括号里的数，然后算乘方，接着算乘法和除法，然后计算加法和减法。另外，在相同的运算级别中，你也可以按照从左往右的顺序依次进行计算。

$$2 \times 3 + 4 = X$$

这个方程中没有括号或乘方，所以从乘法开始计算。

$$2 \times 3 = 6$$
$$2 \times 3 + 4 = X$$
$$6 + 4 = X$$

下一步是加法。

$$X = 10$$

问题解决啦！

按运算顺序计算，求解下面的方程。

4 + 1 × 5 = X

X =

12 - 2 × 5 + 1 = X

X =

21 + 6 ÷ 3 × 5 = X

X =

(4+3) × (2+5) = X

X =

答案：9，3，31，49。

运算顺序谜题

将下面数字填在横线上，并使等式成立。

2, 3, 4, 8

请按照运算顺序的规则计算，解出这道题吧！

$$ \_ + \_ × \_ - \_ = 22 $$

答案：2 + 3 × 8 - 4 = 22。

将下面数字填在横线上，并使等式成立。

3, 4, 5, 7

请按照运算顺序的规则计算，解出这道题吧！

$$ \_ + \_ × \_ - \_ = 26 $$

答案：3 + 4 × 7 - 5 = 26。

找出缺少的数

A是什么数?

1

$$A - 1 = 7$$

$$A = \underline{\hspace{2cm}}$$

B是什么数?

2

$$B + 2 = 7$$

$$B = \underline{\hspace{2cm}}$$

X是什么数?

3

$$7X = 14$$

$$X = \underline{\hspace{2cm}}$$

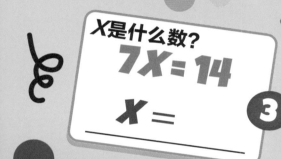

搞定它!

如果你正在脑海里努力思索这些题目,利用下面的空白区域来演算吧!

M是什么数?

4

$$2M - 5 = 11$$

$$M = \underline{\hspace{2cm}}$$

X是什么数?

5

$$4X - 18 = 2$$

$$X = \underline{\hspace{2cm}}$$

简化方程

在代数计算中，你可能会被要求简化方程，或者把方程变成最简单的形式。简化方程让解题更容易计算。为了简化方程，你通常会合并同类项。例如，$X+X+X+5=26$ 可以简化成 $3X+5=26$。

通过合并同类项来简化下列方程。解出这些题吧！

1 $15Y - 8Y = 14$

2 $5X + 7X - 2X - X = 18$

3 $21X - 15X + 4 - X = 19$

答案：1. $7Y=14$，$Y=2$；2. $9X=18$，$X=2$；3. $5X+4=19$，$X=3$。

一辆公交车上有45人。在第一站，有 X 人上车，17人下车。当公交车到达车站时，车上还有38人。

在第一站有多少人上车？

用代数解题

用代数求解下面这些题。

你买了5包铅笔。每包铅笔的数量相同，你总共有20支铅笔。

每包有多少支铅笔？

一个袋子里有红色和蓝色弹珠共20颗，其中有6颗蓝色的弹珠。

有多少个红色弹珠？

小狗公园里有15只狗。

这些狗一共有多少条腿？

逻辑谜题

找出缺少的数字，解开谜题。

1

$X + X + X = 36$
$X + Y + Y = 28$
$Y - Z = 3$

X= ________
Y= ________
Z= ________

2

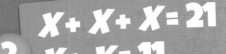

$X + X + X = 21$
$X + Y = 11$
$X \times 2 = Z$

X= ________
Y= ________
Z= ________

3

$X + X + Y = 20$
$Y + Y = 12$
$X - 4 = Z$

X= ________
Y= ________
Z= ________

4

$Y + Y + Y = 15$
$Y \times 4 = X$
$X + Y - Z = 12$

X= ________
Y= ________
Z= ________

5

$X + X + Y = 51$
$X = Y$
$Y \times Z = 0$

X= ________
Y= ________
Z= ________

答案：1. $X=12$，$Y=8$，$Z=5$；2. $X=7$，$Y=4$，$Z=14$；3. $X=7$，$Y=6$，$Z=3$；4. $X=20$，$Y=5$，$Z=13$；
5. $X=17$，$Y=17$，$Z=0$。

挑战题

用代数解出下面的挑战题吧!

小艾在商店买了一些棒棒糖。如果她买了4倍数量的棒棒糖,将会比她买的棒棒糖多出33支。**她买了多少支棒棒糖?**

答案:$4x = x + 33$,$4x - x = 33$,$3x = 33$,$x = 11$。

买电视机和支架一共花了500元。电视机的价格比支架的价格贵350元。**支架的价格是多少钱?**

答案:$x + x + 350 = 500$,$2x + 350 = 500$,$2x = 150$,$x = 75$。

搞定它!

如果你正在脑海里努力思索这些题目,利用下面的空白区域来演算吧!

计算统计数据

统计是数学的一个分支，它帮助我们收集、总结和分析数据。分析和总结数据就能更容易地描述数据。通过分析和总结过的数据，我们也能更容易地发现规律和做出预测。一旦数据被收集、总结和分析，它就有了许多用途。我们将数据和统计用于天气预报、医疗决策、产品测试、行业报告以及更多方面。甚至当你决定下载一首在音乐排行榜上排名第一的歌曲时，你也会用到统计。数以百万计的人已经下载了这首歌，这个数据就是统计数据！

25%

17%

10%

48%

统计谜题

比赛时间统计

你是你们学校篮球队的助理。教练想要一份球队过去一个月比赛的平均得分的报告。过去一个月各场比赛得分如下。

比赛1	52
比赛2	57
比赛3	57
比赛4	64
比赛5	72

平均数是多少？

_____

中位数是多少？

_____

众数是多少？

_____

得分的极差是多少？

_____

答案：平均数=60.4，中位数=57，众数=57，极差=20。

求出平均数

这些数的平均数是多少？

8 19 9

13 16

_____

答案：13。

什么是数据集?

数据集是信息的集合。你可以通过多种方式收集数据:观察、测量、调查、新闻来源和其他可靠来源。数据集通常被组织在一个表格中。

1 通过观察收集信息,创建一个数据集

在你的班级中,什么颜色的鞋子最常见?通过观察和收集数据,并将它们整理成表格。

2 通过测量收集信息,创建一个数据集

在你的班级中,同学们的身高是多少?测量并收集数据,将它们整理成表格。

3 通过收集新闻来源的信息创建一个数据集

过去两周,你所在的城市的温度是多少?通过报纸或其他可靠的新闻来源收集数据,并将它们整理成表格。

4 通过调查收集信息,创建数据集

在你的班级中,同学们最喜欢什么口味的冰淇淋?调查和收集数据,并将它们整理成表格。

求出极差

这些数的极差是多少?

0 26 3 5 27 8 19 8 3

_____

找出众数

找出这些数的众数。

0 3 3 26 5 3 19 27 3

答案:27;3。

高尔夫统计数据

约翰想对他的高尔夫得分进行一些统计。他给了你以下这些分数，要你帮他计算出下面的各种数。

分数 1	100
分数 2	96
分数 3	90
分数 4	96
分数 5	102

平均数是多少？

中位数是多少？

众数是多少？

得分的极差是多少？

找出中位数

找出这些数的中位数。

16

8

19

24

12

条形图

我们也可以用条形图来表示数据。纵向（轴）表示学生的数量。横向（轴）表示他们养的宠物的类型。这个条形图向你展示了什么？

学生数量/人

8

4

0

| 狗 | 猫 | 仓鼠 | 鸟 | 蛇 |

哪种宠物最受欢迎？

_____

有多少个学生养狗？

_____

有多少个学生养猫？

_____

什么动物最不受欢迎？

_____

考试分数

一位老师需要统计全班同学在最近一次数学考试中的分数。她有以下这些考试分数。

| 80 | 81 | 75 | 92 | 65 |
| 73 | 76 | 81 | 86 | 90 |

平均数是多少？

_____

中位数是多少？

_____

众数是多少？

_____

极差是多少？

_____

找出中位数

找出这些数的中位数。

2　6　14

8　10

_____

找中位数

找出这些数的中位数。

13 5 8

2 10 ___

早餐时间

一家餐馆收集了顾客在店里吃早餐所需时间的信息。他们需要整理这些数据，这能帮助他们估算在早餐高峰期会有多少顾客。

根据下面这些数据，计算出相应的统计数据。

32	15	20	18	25
21	20	22	18	17
30	31	19	20	21
24	26	17		

平均数是多少？

___

中位数是多少？

___

众数是多少？

___

早餐时间的极差是多少？

___

找到中位数——另一种方法！

找出这些数的中位数。

有的数据集有偶数个值，没有单个的中间值。那该如何找到中位数呢？在这种情况下，你得把2个中间值加在一起。然后把总和除以2，得出中位数。

2 4 10 30 0 18 34 21

答案：14。

画条形图

你想知道同学们想去哪里度假吗？通过你调查收集到的数据，画一个条形图来表示这些数据。

地点	投票数
海滩	8张
山地	5张
城市	4张
露营地	7张

投票数/张

8

4

0

海滩   山地   城市   露营地

在哪里度假最受欢迎？

_____

在哪里度假最不受欢迎？

_____

答案：最受欢迎：海滩；最不受欢迎：城市。

开始练习几何

几何是研究物体形状、大小和位置等的数学分支。正方形、圆形和三角形是简单的2D图形，而正方体、圆柱体、圆锥体和球体是常见的3D图形。我们每天都在许多活动和工作中使用几何。通过几何，你可以计算出房子的表面积，这样你就知道要买多少油漆了。几何还可以帮你计算一个箱子的体积，这样你就知道它有多少存储空间。你也可以用几何来计算后院花园四周的长度，这样你就知道要买多长的围栏了。

建筑师、工程师、艺术家和一些从事其他职业的人每天都在工作中应用几何知识。在这些谜题和动脑活动中，你可以探索图形，了解直线、线段和角。你要解开谜题来识别不同的图形，学习如何计算周长和找到对称线。你还会发现立体图形的一些属性，如顶点、面和边。让我们开始练习几何吧！

几何谜题

图形谜题

你能画一个只有2个直角的四边形吗?

这个角是什么角?

说出下面的这些角分别是哪种类型的角。

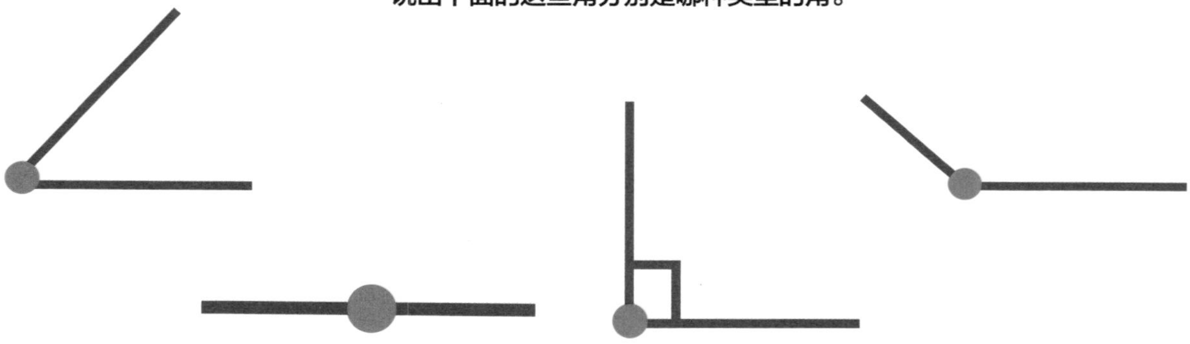

平角

锐角

钝角

直角

三角形设计

你能用6个一样大的三角形做出多少种设计？每种设计都必须使用所有的三角形，并且每个三角形必须至少与另一个三角形的一条边贴在一起。

字母的对称性

这些字母是对称的吗？如果是，请画出该字母的对称线。如果不是，就在字母上面画"X"。

A	H	P	W
G	J	T	V

求出周长

周长是一个图形的边线的总长度。例如，这个正方形有4条相同长度的边。每条边的长度为2。周长就是2+2+2+2=8。

2

2   2

2

周长是8。

①

4

4

周长是 _____

提示：正方形有4条相等的边。

②

10

4

周长是 _____

提示：长方形有一对相等的边和另一对相等的边。

③

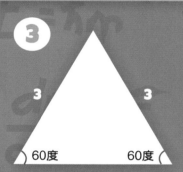

3   3

60度   60度

周长是 _____

提示：这是哪种类型的三角形？

④

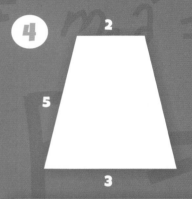

2

5

3

周长是 _____

提示：梯形有一对相等的边。

图形谜题

你能画出有2个锐角的三角形吗？

猜猜图形

我有一条边。

我的边是曲线。

我没有角。

我是什么图形？

_____

答案：圆形。

92

图形谜题

你能画出有一对平行线的四边形吗？

轴对称图形

如果一个平面图形沿一条直线折叠后，直线两边的部分能够完全重合，这条直线叫作对称轴。这个图形是轴对称图形。

你能画出有2个直角的三角形吗？

对称的图形

这些图形是对称的吗？如果是，请画出它的对称线。如果不是，在图形旁画"X"。

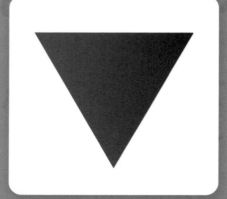

3D图形连一连

把图形和它的名称连起来。

正方体

长方体

棱锥体　　圆柱体　　圆锥体

图形谜题

你能画一个没有直角的四边形吗？

猜猜图形

我有4条边。

我的边长度相等。

我有4个角。

我是什么图形？

....

答案：正方形。

图书在版编目（CIP）数据

迷人的数学 / 英国Future公司编著；郑明智译. --
北京：人民邮电出版社，2024.4
（未来科学家）
ISBN 978-7-115-63912-7

Ⅰ. ①迷… Ⅱ. ①英… ②郑… Ⅲ. ①数学—青少年
读物 Ⅳ. ①O1-49

中国国家版本馆CIP数据核字(2024)第051111号

版权声明

内 容 提 要

本书共 3 册，主题分别为迷人的数学、神奇的计算机及编程入门、改变世界的机器人。书中包含大量精彩照片和图表，使用可爱的卡通人物形象讲述趣味科学知识，并与现实生活结合，科学解答孩子所疑惑的问题，让孩子在轻松的阅读中掌握科学原理。同时融入 STEAM 理念，通过挑战、谜题、测验，以及在家或学校都能进行的科学实验和实践活动，帮助孩子更加深刻地理解知识和掌握运用知识的技巧，学会解决问题的方法。

◆ 编 著 ［英］英国 Future 公司
　　译 　　郑明智
　　责任编辑 　宁 茜
　　责任印制 　马振武
◆ 人民邮电出版社出版发行　　北京市丰台区成寿寺路 11 号
　　邮编 100164　　电子邮件 315@ptpress.com.cn
　　网址 https://www.ptpress.com.cn
　　北京盛通印刷股份有限公司印刷
◆ 开本：880×1230　1/16
　　印张：6　　　　　　　　　2024 年 4 月第 1 版
　　字数：208 千字　　　　　2024 年 4 月北京第 1 次印刷
　　著作权合同登记号　图字：01-2024-0846 号

定价：199.00 元（共 3 册）

读者服务热线：(010)81055493　印装质量热线：(010)81055316
反盗版热线：(010)81055315
广告经营许可证：京东市监广登字 20170147 号